U0217249

园丁的一年

90周年珍藏版

〔捷克〕卡雷尔·恰佩克 著
〔捷克〕约瑟夫·恰佩克 绘

陈伟 杨睿 译

北京科学技术出版社

图书在版编目（CIP）数据

园丁的一年 : 90 周年珍藏版 / (捷克) 卡雷尔·恰佩克著 ; (捷克) 约瑟夫·恰佩克绘 ; 陈伟, 杨睿译. — 北京 : 北京科学技术出版社, 2019.6 (2024.4 重印)
ISBN 978-7-5714-0297-6

Ⅰ. ①园… Ⅱ. ①卡… ②陈… ③杨… Ⅲ. ①观赏园艺 Ⅳ. ① S68

中国版本图书馆 CIP 数据核字 (2019) 第 091369 号

策划编辑：陈　伟
责任编辑：王　晖　陈　伟
封面设计：早安小意达
版式设计：芒　果
责任印制：李　茗
出 版 人：曾庆宇
出版发行：北京科学技术出版社
社　　址：北京市西直门南大街 16 号
邮政编码：100035
电　　话：0086-10-66135495（总编室）　0086-10-66113227（发行部）
网　　址：www.bkydw.cn
印　　刷：河北鑫兆源印刷有限公司
开　　本：787 mm × 1092 mm　1/32
字　　数：92.5 千字
印　　张：6.125
版　　次：2019 年 6 月第 1 版
印　　次：2024 年 4 月第 6 次印刷
ISBN 978-7-5714-0297-6

定　　价：45.00 元

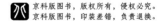

译者序 | 园丁式的生活

　　我想不出还有谁对自己小花园的喜爱能胜过卡雷尔·恰佩克。他总是试图用尽一切宠溺的词语直言不讳地表白自己对小花园的情感，像是父母之于子女，又如青年之于苦苦追求的恋人。

　　卡雷尔·恰佩克（1890—1938）是捷克著名的科幻作家、小说家、剧作家、童话寓言作家。他一生笔耕不辍，创作出诸如《鲵鱼之乱》《罗素姆万能机器人》等大量享誉全球的作品。但是抛开这么多身份，他还是一个喜欢在自己的小花园里勤勤恳恳莳花种草的园艺爱好者。《园丁的一年》是他为数不多的自然散文作品之一，在里面你会遇见一个不同于平常的园丁恰佩克。

也许他算不上是最好、最专业的园丁，笨拙的身体，碍事的长腿在挤满萱草、金鸡菊和秋海棠的土壤上常常无处安放，一不小心也会踩到刚刚含苞的郁金香或是风铃草。但他一定是最尽职尽责的园丁，他会小心翼翼地呵护每一株植物，期待月季明年会开得更鲜艳，也盼着小树苗十年之后长成参天大树；他为它们可能遭受的凛冬而揪心，也为它们祈求上帝恩泽的甘露。

　　我想，当他蹲坐在篱笆旁看着自己亲手栽种的园子时，那一定是他最幸福快乐的时光。那时的他或多或少已经脱下了作家恰佩克的高贵外套，而是披上了园丁恰佩克那件有些许褶皱的，或许沾了灰土的普通外衣。那时的他平凡且恬淡，不用为着社会触目的丑恶和虚假而忧心忡忡，不用为了道德沦落和良知泯灭而深深自责，不用惧怕暴力和强权，也不用费心挖苦和讽刺。那是他自己的世界，真实的、自由的世界。播种，萌芽，成长的每一小步，都承载着他悉心培育的未来果实。这大概便是一种田园牧歌式的生活，是在摆脱现实潮流的裹挟后，在喧嚣浮躁的世界里搭建的理想世界，自己的伊甸园。

　　卡雷尔·恰佩克在书中写道："人们并不关心他们脚下

2

的事物；他们总是像疯了般向着最高处张望，至多偶尔会留意天上美丽的云彩、身后迷人的地平线，抑或是远方动人的青山；然而他们绝不会低头看一眼自己的脚下，不会给脚下的土地送上一声赞美。"

当向前追逐成了盲流般的生活方式，鲜有人再低下头注视我们脚下这片孕育着生命的沉寂土地。"天下熙熙皆为利来，天下攘攘皆为利往"，为名也罢，为利也罢，人们在意的是远方而不是脚下，追求的是那些所谓"成功""幸福"的标签。种子萌芽，需要时间；花苞绽放，也需要时间；但是，我们最最缺少的恰好也是这等待成长的时间。拥堵的城市，寸土寸金，我们很难像卡雷尔·恰佩克般幸运，能够拥有一座自己的小花园。更难得的是闲下来，播种、浇灌、除草，日复一日辛勤地照料着这一小块土地，日复一日地期待着每一个吐露的芽苞和嫩苗。

但这些都不是问题，因为作者会告诉你，园丁不是一个单纯的职业，照料花花草草也不是一种简单的生活方式，这些更像是一种生活的态度，自由的、不被干涉的生活。当你亲近这片长时间被你忽略的土地，有一天你定然会幡然醒悟，脚下这片沉寂土地孕育着的生命世界，有着与天

3

上美丽的云彩、身后迷人的地平线截然不同的美好。那时，你一定会惊讶于它的奇妙，为它献上一句由衷的赞美。

不论你是商人、工程师、作家还是学生，抑或是这世界上形形色色的其他职业者，你都不妨试着再给自己添加一种身份，试着做一名园丁，找一片土地建一座小花园来栽培理想，栽培那些不需要被别人了解的，自己对自己的希望。

园丁是为了未来而活的，最美好的永远在前方等着我们。让我们和作者一起，一步一步搭建一座属于自己的小花园，一座存放灵魂的、美丽的小花园。

杨　睿

目　录

如何盖一座小花园

　　盖一座小花园的方法有很多，最好是请一位园丁。园丁会为你在那里种上各种各样的小木棍、藤条和小扫帚，并声称这些是枫树、山楂树、接骨木、树状月季、灌丛月季以及其他品种的蔷薇。然后，他就开始挖土、翻土，再把土整平。他还会用废弃物铺出一条小径，在小径两旁的泥土中四处塞入许多凋零的树叶，并宣称其为多年生植物。接着，他开始为种植草坪而播撒草种，包括英国黑麦草、剪股颖、狼尾草、狗尾草和猫尾草。之后，他就拍屁股走人了，只留下一片光秃秃的黄土花园，那番景象就好比创世纪的第一天。临走前，他仅仅是提醒你必须每天细心浇灌每一寸土地，一直等到种子发芽钻出地面；提醒你还要

在铺设的小径上撒沙。好，万事大吉了。

人们往往以为浇水是件再简单不过的事，尤其是当使用水管时。不过事实很快就会证明给你看，水管其实是个不寻常、不可信且危险的家伙。在被驯服之前，它扭曲、乱撞、弹跳、狂喷乱射，弄得地上湿漉漉一片，而后幸灾乐祸地趴趴在泥潭中，好似它天性使然。这还没完，接着它又将矛头指向用它浇水的人，将他的双脚团团围住。你不得不用脚踩住它，可它却猛地一下子扬起身，打个转，然后一把缠住你的腰和脖子不肯放手。正当你与这条大蟒蛇苦战不休之际，这头怪物又突然转身抬起黄铜铸成的大嘴，朝着你窗后新换的窗帘狂喷水柱。此时，你必须用力按住它的头，尽可能地拽紧它。终于，这头野兽发出痛苦的哀嚎声，开始不再从喷口的位置喷水了，却又从水龙头或是水管中间的开裂处喷出水来。最开始的时候，你可能要请三个人来，才能勉强将水管制服。等到他们从战场离开时，全身从耳朵往下满是污泥浊水。至于花园里，则一边水漫如泳池，一边土旱似戈壁。

如果你每天都这般折腾，那么两周后，本该长出草坪草的地方会被杂草覆满。何以最优质的草坪草种子会长成

3

最狂野茂盛的杂草呢？只能说这就是大自然的奥秘。或许我们改种野草种子的话，说不定能得到理想的草坪。等到了第三周，你的花园会被各种藤蔓杂草吞没，它们不但四处蔓延，而且将根深深扎入地下。如果你想将它们彻底铲除，就必须将其连根带土拔出来。这点恰好印证了：越是惹人生厌的事物，生命力就越是顽强。

在此期间，碎石小径里不知掺进了什么鬼东西，居然变成了滑溜溜的黏土，这真是不可想象。

不论如何，必须将草坪里的杂草连根除净。在你一遍遍努力除草的同时，脚跟后头的土地仍不见有草坪草长出，还是和创世纪第一天时一样光秃秃一片黄土。凑近仔细看的话，似乎有一两小撮像是绿霉又像是一口气就会吹散的绒毛一样的东西零星点缀在泥土上，毫无疑问，这就是你朝思暮想的草坪草。你兴奋得踮起脚尖围着它打转，为它驱赶讨厌的麻雀。正当你目不转睛地盯着地面上这几株小草看得入神时，花园中的醋栗和茶藨子已经悄悄长出了第一片嫩叶，一切都是在悄无声息间发生的。你不禁感叹：春天来得太快了，让人都来不及做好准备。

自此，你对周遭事物的态度开始发生巨变。若是天降甘霖，你会说它是为你的花园而润泽大地；若是艳阳高照，你会说它是为你的花园而光芒万丈；而当夜色来临，你会满心欢喜你的花园能够安然入梦了。

有一天，当你醒来后发现，你的花园里一派生机盎然。长长的草叶尖上将有露珠晶莹闪亮，蔷薇深红色的花蕾也将会从纠结缠绕的枝叶间探出头来；树木也逐渐长高长壮，开展的树冠愈加葳郁，树枝也愈加粗壮结实，树荫底下湿气弥漫。等到那时，你再也不会记得当初那片毫不起眼、光秃秃的黄土地，那第一撮轻飘得若有若无的小草，那第一枚从春寒中苏醒过来的幼芽，那个曾经泥泞不堪的可怜园子……那座你期待许久的美丽花园终于大功告成了。

嗯，好极了，但从今往后，你得不断浇水、除草，还得将泥土中的小石子一一挑拣出来。

如何成为一个园丁

　　与人们通常认为的不同，真正的园丁并不仅仅是依靠通晓种子、发芽、球根、根茎或剪枝这些理论知识就能炼成的，他得经历实际操作，并经受环境和自然条件的多重考验才能修成正果。

　　当我还是个孩子时，我对父亲的花园极不友善，甚至可以说到了厌恶的地步。何以至此呢？因为他绝不允许我踩踏苗床或是偷摘未成熟的果子。正如伊甸园里的亚当不被允许跨越雷池偷摘智慧树上待熟的果实一样，可亚当和我们这些孩童一样不安分，因偷摘禁果而被逐出天堂。从此以后，智慧之树的果实就再没成熟过。

　　年轻人总认为鲜花要么用来佩戴于胸前纽扣上，要么

用来讨女孩子的欢心。他们殊不知花儿背后的艰难故事：它们得历经寒冬，而后经过松土、施肥、浇水、移栽、分株、修剪、固定、拔草、除去种子和枯枝败叶，以及消灭病虫害等一系列过程，才能迎来短暂光辉的开花阶段，最后凋零。年轻人竟然在花圃里嬉笑打闹，而不是将苗床整平，他们仅一味满足于自身的虚荣，啃食着并非由他们自己栽种的生命果实。他们不只是举止缺乏教养，简直就是一群破坏大王。我不得不说，人得长到做父亲的年纪，变得更成熟些后，才有可能成为一位业余园丁。除此之外，你还得有一座属于自己的花园。

通常，人们会直接请一位职业园丁来为自己的花园建设施工，等一切妥当后再来欣赏草木缤纷，聆听园鸟啁啾。然而，总有一天你会想尝试亲自种一株小花，拿我来说，上手的第一种植物是石莲花。在亲手种花的过程中，你很可能会因为倒刺或是不经意间沾到身上的泥土引起中毒或发炎，可不久后你就会对园丁这一角色愈加热衷。当然，你也可能是因为这样而成为一名园丁的：某一天，你也许会被某个邻居所触动。当你看见他家花园里开满剪秋罗时分外眼红，甚至嫉妒地叫嚷着："天啊，为什么它们不是开在我的花园里！"抑或是"为什么我的剪秋罗开得没有他的那般繁茂？"从此以后，园丁便愈发沉迷于这种被激发出来的巨大热情当中，被一次次的成功所滋养，被一次次的失败所激励。甚至他突然从脑子里冒出强烈的收藏欲：要将从无瓣蔷薇（Acaena）到蟹爪兰（Zygocactus）的植物一一集齐。接下来，他很可能会痴迷于某一特殊种类的植物，也许他会成为一个不折不扣的月季迷、大丽花迷或是其他魅力十足的植物的爱好者。有些园丁具有非凡的艺术热情，热衷于不断更新改造自己的花园：更换苗床的位置，调整花色的搭配，移栽灌木丛，将花园彻底变个样。他们被一种永远无法满足的创造力所驱使。即使没有人相信，真正的园艺竟是如此田园牧歌般令人冥思的活动。这是一种永无止境的热情，仿佛在园丁眼里，世上除了花园再别无他物。

接下来，我会告诉你如何辨识一个真正的园丁。他一般会说："您一定要来我家一趟，我一定要带您看看我的花园。"之后，你为了让他高兴只好去了，然后在一片花丛中发现园丁那高高撅起的臀部。"我一会儿就过来，"他扭过头冲你喊了一句，"等我把这株月季种好了。""别急，慢慢来。"你礼节性地回应他。过了一会儿，总算完工了，园丁这才站起身来，用沾满泥土的双手迎接你的到来，并热情地说道："过来瞧瞧吧，虽然只是个小花园，但……等一下！"只见他弯下腰拔掉了苗床上的几株杂草，"来吧，我领您看看我的香石竹，一定会让您眼界大开。哎呀，这儿我忘了松土！"说着他便开始挖起土来，一刻钟后，他又站起身说："啊，我想让您瞧瞧我的威尔逊风铃草，它可是风铃草中的珍品……等等，我必须把这株飞燕草扶正了。"然后他便开始固定飞燕草，老半天后他才恍然记起身后的友人。"噢，您是来看我的向日葵的，请等一下。"接着他又开始喃喃自语，"我得给这株紫菀挪个位置，这儿实在太挤了。"终于，你忍无可忍，于是踮起脚尖悄悄离开了，只留下园丁的臀部在花丛间时隐时现。

等到下次见面时，他会说："您一定要到我家来，我有一株新品种的月季开花了，您可绝对没见过。您会来吧？可一定要来哦！"

嗯，好极了，我们这就去瞧瞧园丁的一年究竟是如何度过的。

园丁的一月

　　所有的园艺指南都如是说："即便是酷寒如一月，也绝不可荒芜园事。"这话不假，一月园丁得忙活各类与天气相关的园艺工作。

　　天气是个令人捉摸不透的老顽童，总不按常理出牌。温度总是忽高忽低，从不按气象数据记载的平均温度行事，不是高5℃，就是低5℃；降雨量不是低于往年平均量10毫米，就是高于往年平均量20毫米；天气要么干得冒火，要么就湿得要命。

　　就连对天气并不太关心的普通人，也可能对天气有诸多抱怨，更遑论我们的园丁了。要是雪下得太少，他会嚷嚷着嫌雪总也下不够；要是雪下得太大，他则会表现得忧

11

心忡忡，担心这可能会压坏他的针叶树和冬青树；要是一片雪都没下，他又会为灾难性的黑霜而坐立不安；要是冰雪消融了，他会咒骂肆虐的狂风，它们在园丁的花园里破坏扫荡一番，留下的是哀鸿遍野，"真是见鬼"；要是太阳胆敢在一月露面，园丁简直会抓耳挠腮，生怕树木会过早萌发新芽；要是下雨了，他会担心他那些娇弱不堪的高山花卉；可要是天气太干，他又会心疼他的杜鹃花和青姬木。然而，想让园丁感到满足也并非难事，对他们而言，倘若一月的天气像这样就够了：从月初到月底，气温稳定维持在 −0.9℃，降雪量达到 127 毫米（最好是刚降下来的轻柔的小雪），天气在多数情况下为多云，平静无风，或是顶多来一点微微的西风，那样就万事无忧了。然而现实总是这样的：压根就没人在意我们园丁，也没人问我们园丁一句，什么样的天气才是好的。这就是世界始终无法变得更美好的原因。

对园丁而言，最糟的事莫过于降黑霜了。黑霜来临时，土地被冻得又干又硬，寒气简直要深入骨髓。日复一日、夜复一夜，寒气越钻越深，园丁一边担心着硬如磐石的冻土之下植物的细小根系，一边记挂着在凛冽的寒风中冻得

瑟瑟发抖的树枝和树干，以及那些去年秋天刚种下的如今在地下被冻得浑身僵硬的球根花卉。倘若我知道的话，我会尽力帮助它们，我愿意为冬青树披上我的外套，为杜松披上我的长裤，为杜鹃花穿上我的衬衫；而你，矾根，我会为你戴上我的帽子；至于你，金鸡菊，我已经无以为剩，只能脱下袜子给你了……上帝保佑它们！

有许多欺骗和改变天气的小伎俩。例如，我决定穿上我最暖和的衣服，制造气温升高的假象。当积雪刚开始融化的时候，可以约三五好友去山上滑雪。此外，要是报纸上报道一大群人双颊冻得通红，在雪地、冰湖上尽情嬉戏，或是其他类似的场景，当写有这篇报道的报纸正在印刷厂印制时，外面的冰雪却开始悄然融化了；正当人们翻阅这篇报道时，外面却是下起了霏霏细雨，气温也猛升至 8℃。这时，广大读者们不免会抱怨报纸上的内容谎话连篇，毫无价值可言，随即将报纸丢在一边。可另一方面，不管人类怎样诅咒、抱怨、发誓、咆哮、爆粗口，诸如此类，也丝毫奈何不了这狡猾的天气。

一月最有名的植物是温室花卉。想让它们开得好，你的房间必须保持温暖和湿润；要是空气干燥得没有半点水分，那连针叶植物也会受不了，更别说娇气的花卉了。很重要的一点：别把窗户关得太严实，最好留一点缝隙。从窗外吹进来的寒风有利于冰花的生长。所以说，穷人家的冰花往往比富人家的开得更好，因为富人家的窗户总是关得严严实实。

从植物学来讲，冰花其实并不是花，不过是叶子而已。它的叶子和菊苣、西芹、芹菜很像，也与菜蓟属、飞廉属、川续断属、爵床科、伞形科等科属的某些植物种类相似；它们经常会被拿来和大翅蓟、棉毛蓟、刺苞菊、羽蓟、叙利亚蓟、海冬青、蓝刺头、绵头蓟、丝毛飞廉、川续断、藏红花蓟、莨苕等植物比较，也会和其他具有尖刺状、羽状、钝齿状、锐齿状、缺裂状、截形、梳箆形叶片的植物做类比；有时它们与蕨类植物和棕榈科植物的叶子颇为相似，有时它们又长得像杜松的针叶一样；不管像什么植物，反正它们都从不开花。

再回到园艺指南上来，它用安抚的语气宣称："即便是酷寒如一月，也绝不可荒芜园事。"首先可能得从整地开始，

因为据说霜冻使得大地都开裂了。就在这里，就在新年的第一天，园丁便迫不及待地冲进花园中翻土。一开始他使用的是铁锹，在与坚如磐石的土地展开一番鏖战后，锹柄宣告被成功折断。接着，他拿来一把锄头，这次他很小心，唯恐把锄头也弄折了。可他至少用锄头勉强挖开了去年秋天种在地里的郁金香种球。唯一能有效凿开坚硬土壤的法宝就是凿子和锤子了，不过那样实在太慢，不一会儿人就累得气喘吁吁。也许可以考虑使用炸药将土壤炸松，但园丁通常是不会采取这种极端手段的。既然如此，我们就顺其自然，等土壤化冻再说吧。

　　一旦天气转暖，园丁便立马冲进花园去整地了。过了一会儿，他带着工具回到家里，靴子上沾满了白霜，园丁对此毫不在乎，只见他脸上堆满了笑容，大声宣称大地已经解冻复苏了。此时，他得为新一季开展各项准备工作了。"如果你的地窖里有一块干燥的地方，那就开始配制盆栽用的培养土吧，把腐叶土、堆肥、沤透的牛粪和少量沙子混在一起。"好极了！不过地窖里全是煤炭，家庭主妇们拿她们那些乱七八糟的家用品把地窖堆得严严实实。或许卧室里还有些空间可以放一小堆可爱的腐殖土吧。

"得充分利用冬天的这段时间，将藤架、凉棚或是凉亭好好修理一番。"只可惜我的花园里这些一个都还没有。"即使是在一月，我们也是可以种植草坪的。"可前提是你得有地可种，要不就种在门廊里，或是阁楼上吧。"首要任务是时刻关注温室里的温度。"不错，我的确乐意如此行事，然而我并没有一间温室。园艺指南不知道的是，对于一个穷园丁而言，这些都毫无意义。

所以，园丁只有等待再等待！老天爷，一月为何如此漫长？现在要是二月就好了！

"二月的花园里有什么活儿可以干吗？"

"那可不，说不定得忙到三月呢。"

正当此时，番红花和雪花莲已神不知鬼不觉地破土而出了。

种子

有些人说该加木炭，有些人则坚决反对；有些人提议加一些黄沙，因为沙子里含铁，另一些人对此观点提出严正警告，理由很简单，也是因为沙子里含铁。还有一些人推荐干净的河沙、泥炭或木屑……总而言之，制备播种用的培养土简直和巫术仪式一样神秘。据说理想的培养土里得加入大理石粉（可是上哪儿找呢？）、三岁牛犊的粪便（然而究竟是三岁公牛还是母牛的粪便呢，实在是毫无头绪）、少量取自鼹鼠洞口土丘上的新土、掺杂了旧猪皮靴碎末的黏土、易北河的沙子（绝不能用伏尔塔瓦河的沙子）、使用了三年的温床土，除此之外，里头还有金黄卤蕨的腐殖土，以及吊死的处女坟上的一把泥土。所有上述材料必须充分拌匀（园艺指南并没有特别说明究竟是在新月、满月还是仲夏夜时进行）；而当你将这些神秘的土壤装入花盆（得先经过阳光暴晒三年，再用水浸泡，而且要在盆底洞口处垫上陶片和木炭，其他种花的权威人士或许对此方法嗤之以鼻，但我们园丁可不是因循守旧之辈），等你总算完成上述一百种简直是自相矛盾的步骤后，就可以开始干正事了——把种子埋进土里。

先打量一下种子的外形，有的像鼻烟，有的像淡金色虮子卵，有的像亮得发光的黑红色无足跳蚤；有的扁如钱币，有的浑圆如球，有的细瘦如针；有的具翅，有的带刺，有的附绒毛，有的光滑，有的多毛；有的大如蟑螂，有的渺如尘埃。实话告诉你，它们每一种都各不相同，而且十分古怪，生命真的是太复杂多样了！从这一簇庞然大物中可能长出一丛又矮又干的荆棘；同样在这淡金色虮子卵般的种子里应该会长出一片肥硕的子叶。可是我要做些什么呢？当然我不相信这些。

很好，你们知道现在是该播种了吗？你们是否记得将花盆浸泡在温水中，然后用玻璃罩盖好？你们知道要关好阳面的窗户并拉下窗帘，以便室温维持在 40℃ 吗？这些都准备就绪后，好，对于每个播种初学者而言，伟大又激动人心的活动来了——那就是耐心等待。脱掉外套，连背心也不穿，屏住呼吸，弯下腰等在花盆前，火眼金睛般盯着幼芽从土里可能钻出来的地方。

第一天，什么也没发生，晚上守望者在床上辗转难眠，迫不及待期盼第二天清早的来临。

第二天，神奇的土壤上长出一小团霉菌，守望者喜出望外，因为这是新生命诞生的第一个迹象！

第三天，长出来一株又高又白的小长腿一样的东西，它像疯了似的长个不停，守望者简直兴奋得大叫起来："就是它！"对这第一棵幼苗，他呵护得可谓无微不至。

第四天，当幼苗长到出乎意料的高度时，观察者开始不安起来：不妙，这可能是棵杂草。不久事实证明这种担忧不无道理。往往花盆中最先长出来的又高又瘦的家伙总是杂草。从某种程度而言，这就是自然法则。

好吧，到了第八天或者更晚一些时，没有任何征兆，在某个神秘的不可控的时刻（因为压根没人看见或留意），泥土悄无声息地被顶开，第一株幼苗破土而出了。我以前一直以为草本植物的种子萌芽后，要么是像根那样向下生长，要么是像土豆的茎那样向上生长。然而我必须告诉你，真相绝非如此。几乎每株幼苗都是从种子下方开始往上生长的，它们把种子当作帽子一样高高举起。你可以设想一下小孩子头顶着母亲成长的样子。这又是大自然的一个奇迹，而且这种举重运动般的奇迹几乎在每种幼苗身上都在上演。幼苗勇敢地将种子顶在头上，直到终于有一天将它抛下或任其自然脱落。它们现在就站在这里，全都是赤裸裸的，脆弱不堪，然而不论是胖是瘦，都头顶两片滑稽的小叶子，而在这两片叶子中间，将来会发生巨变。

　　欲知后事如何，我可不能提前泄露——别看它只是长着一条苍白细弱的茎秆和两片不起眼的小叶子，但神奇的是，它蕴含着无数可能。它独一无二，与世上任何其他植物都不同——我究竟是想表达什么？噢，我明白了：此中有真意，欲辨已忘言。或者我只是想说，生命是如此复杂，远远超出人的想象。

园丁的二月

    二月园丁主要还是延续之前一月的工作，尤其是与天气相关的培育工作。你得知道，二月可是个危险的月份，因为园丁会受到黑霜、艳阳、湿气、干旱以及大风的威胁。这是一年中最短的一个月，但也是最费神的一个月。在这个植物尚未成熟、处于过渡阶段且以往不为人重视的月份里，天气肆意施展着种种阴谋诡计；对此你可要做好十二分准备。白天它会怂恿灌木丛中的新芽萌发，晚上又用严寒来折腾它们；它一面让你感到欢欣鼓舞，一面又把你当猴一样耍。鬼才知道为什么闰年多出来的一天要加到这阴晴不定、危机四伏、居心叵测的二月里，这一天明明该加到风和日丽的五月，这样，美好的五月就有 32 天了。真要如此的话，我们园丁又该提出怎样的建议呢？

二月的另一项任务，就是捕捉春天的第一道讯息。园丁才不相信报纸上所谓的"第一只出现的金龟子或蝴蝶宣告春天到来"的说法。首先，他对金龟子毫不关心；其次，第一只出现的蝴蝶通常是熬过去年冬天没死的最后一只蝴蝶。对于捕捉春天的第一道讯息，还是园丁的方法更可靠。诸如：

一、番红花的尖头像被吹鼓胀了一般挺立在草坪上；等到有一天，尖头突然间爆裂开来（然而还没人亲眼目睹过这一幕），长出一束美丽可爱的绿叶；这就是春回大地的第一道讯息。

二、邮递员带来新一期的《园艺目录》。虽然园丁早已对书里的内容了熟于心（就像《伊利亚特》以"歌唱吧，女神"开篇一样，《园艺目录》始于这些以 A 为拉丁学名词首的植物：芒刺果、刺花丹、老鼠簕、蓍草、乌头、沙参、侧金盏花等），但他还是依次仔细阅读了从 A（芒刺果）到 Y（蓝花参或丝兰）的植物介绍，而内心则在进行激烈斗争：到底还要不要续订下一期。

三、雪花莲是春天的另一位信使。起先，绿色的尖头从土里探出头来四处张望；不久后它们会分裂成两片肥厚的子叶；等到二月初，它们就开花了。让我告诉你们吧，不论是高大的棕榈树、智慧树，还是有名的月桂树，都比不上雪花莲洁白柔弱的杯状花在冷风中随风摇曳的倩影。

四、邻居也是很靠谱的春日信使。只要看到他们扛着铲子、锄头、枝剪、绳子、树漆以及各种土壤肥料，有经验的园丁就知道春天近在眼前。然后，他也会换上旧裤子，扛着铲子和锄头冲进自家的花园里，好让邻居们也知道春天即将到来。然后，他们会接二连三地将这个振奋人心的消息大声传递给篱笆另一头的邻居们。

尽管大地已经回春，但绿叶仍不见踪影，园子里萧瑟依然，只见一片光秃秃的黄土。眼下仍是做好施肥、整地、挖排水沟、松土、混土等工作的时期。然后，当园丁发现他的土壤要么太厚、太黏，要么含沙太多、酸性太强或太干，他的胸中就会燃起满腔热血，一心想改善现状。你可能知道改良土壤的方法有成百上千种；不走运的是，园丁却经常无计可施。

住在城里的家庭，要想搜罗到以下诸多材料绝非易事，如鸽子粪、山毛榉树叶、腐熟的牛粪、陈年的石灰和泥炭、

分解的草皮、鼹鼠洞口的泥土、森林腐殖土、河沙、沼泽土、塘泥、荒野土、木炭、木屑、骨粉、角屑、废弃的液肥、马粪、石灰、水苔、腐烂的残枝以及其他富含养分、适于土壤改良的物质。当然，这其中还不包括上好的氮、磷、钾以及其他微量元素肥料。有那么几次，园丁曾期望能把这些宝贵的土壤、肥料和其他添加物细心打理、翻整并混匀。但倘使如此，花园里就没有足够的空间留给他的花花草草了。

因此，园丁只有尽其所能来改良土壤；他搜寻家里的鸡蛋壳，捡起餐后的肉骨头，保存自己剪下的指甲屑，扫起烟囱里的烟灰，收集水槽里的沙子，甚至跑到马路上捡拾新鲜的马粪……所有这些宝贝他都小心翼翼地埋进土壤里；因为这些都是利于土壤透气、肥效温和且营养丰富的物质。对园丁而言，世上的事物分两种：一种是对土壤有用的，一种则是对土壤无用的。只有那些怯懦害羞的园丁才不敢鼓起勇气到街上去收集马粪；然而当他们看到马路上一坨新鲜完整的粪便时，至少会忍不住叹息，这真是暴殄天物。

当人们描述农家大院里的肥料堆得像山一样高时——我也知道，如今有很多肥料是装在铁罐里销售的；你想买

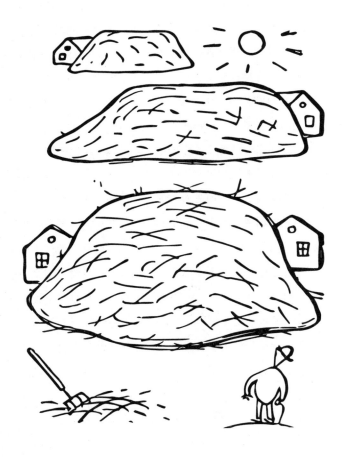

哪种就买哪种，各种各样的无机盐、浓缩液、矿渣和粉状物；你可以往土里添加菌类；你也可以像大学里的实验助理员或是药店里的店员一样，身穿白大褂进行耕作。城里的园丁的确可以做到所有这些。不过，你敢想象农家门前堆积如山的深褐色肥料堆吗？

但是，你要知道，雪花莲正在开花呢；金缕梅吐出金黄色的花蕊，藜芦也长出了饱满的花芽；当你细细观察（一定要屏息凝神）时，你会发现整个花园里的植物都在绽芽吐蕾；成千上万个小生命正从土壤中窜出来。此刻，我们的园丁早已按捺不住，要冲进花园里大展身手了。

论园艺艺术

以前，我只是一个远远站在别人家打理好的花园外心不在焉地瞧两眼的看客，那时我以为园丁之于个人，是个充满诗意且优雅的角色，一边照料着芬芳四溢的花草，一边聆听着婉转动听的鸟鸣。如今，我走近了才发现：一个真正的园丁并不是在种花，而是整天和泥土打交道。他是那种会让自己钻进土里去的家伙，留下我们这些一窍不通、无所事事的闲杂人士在一旁干瞪眼。

园丁钻到了地表之下，他用各种肥料为自己堆起一座纪念碑。倘若他走进伊甸园里，一定会激动地吸一口气，然后惊叹道："天啊，这儿可都是上好的腐殖土！"我想他一定会忘了偷吃能让人分辨善恶的智慧果；因为他一门心思四处张望，琢磨着如何能从上帝那里弄到一桶天堂之土。又或者，他可能发现智慧树四周的花坛没有种好，于是便俯身折腾起土壤来了，丝毫不曾留意挂在头顶的果实。"亚当，你在哪儿？"连上帝都急了。"马上。"园丁扭过头喊道，"我现在没时间。"然后继续埋头打理他心爱的花坛。

　　如果园丁从创世伊始就被创造出来并不断自然进化的话，那么现在他们最可能逐渐演变成某种无脊椎动物了。毕竟他们要脊背有何用呢？最多也只是让他在起身站直时呻吟一声："哎哟，我的背疼死了！"至于脚，也许还能用各种方式叠起来：可以坐在屁股下，跪在膝盖下，埋进土层里，甚至是绕到脖子上；手指则是挖洞的好工具，手掌可以用来拍碎小土块或是捏碎肥料，而脖子上则可以戴一支口哨（赶鸟）；只有那并不灵活的脊背，不论园丁怎么弯都是徒劳无功。你看蚯蚓也没有脊背。通常，园丁是背朝天，手脚叉开，头埋在双膝间，模样就像一匹分娩中的母马。他绝不是那种"只知道搔首弄姿"的家伙；相反，他缩起身子蹲在地上，尽可能地降低重心；你很少能在花园里看见他超过一米的身影。

　　耕作土壤另一方面得靠各种不同的方法，松土、翻土、

埋坑、铺平、堆起等。

没有哪种布丁的制作方法比园土更复杂的了。据我所知，你得加入粪便、肥料、草皮、腐叶、腐殖土、表层土、沙子、稻草、生石灰、钾盐镁矾、婴儿爽身粉、硝酸钠、角蛋白、磷酸盐、马粪、羊粪、草木灰、泥炭、堆肥、水、啤酒、烧过的火柴棒、烟囱里拍出来的烟灰、死猫，以及其他一系列材料。所有这些东西得经过充分混合、搅拌和发酵；正如我先前所说的那样，园丁不是坐享玫瑰花香的人，而是整日忙碌于"土里还得加点石灰"或是"土壤太黏重，得掺点沙子才行"。园艺学本来就是一门科学。女孩们可别光站在一旁欣赏，口里唱着"玫瑰花盛开在我的窗前"，而应该改唱"硝酸钾和牛粪堆放在我的窗前"。可以这样说，玫瑰只是给那些业余爱好者们欣赏的；而园丁的快乐则根植于更深的层次，一种类似于接生的喜悦。等园丁死后，他一定不会因为吸了太多花香而变成蝴蝶，而是会变成蚯蚓，在地下体验着各种黑暗的、含氮的、混合着香料味道的快乐。

一到春天，园丁们就不由自主地被吸引到花园中去了；还不等放下碗筷，就立马冲进花圃里，背朝蓝天忙活起来。

一会儿用手指将泥土捏碎，一会儿把去年那陈旧的但却异常珍贵的堆肥施到植物的细根周围，一会儿拔起那边的杂草，一会儿拣起这边的小石子；此刻他正在翻动草莓周围的泥土，转眼间又俯身在新长出的莴苣旁，连鼻子都快贴地了，还不忘轻抚莴苣幼苗那细嫩柔弱的根部。在这里，园丁可以享受大好春光，而在他们身后，日升日落，白云飘浮，鸟儿成双成对。

櫻桃树的花蕾已逐渐绽开，嫩叶正在优雅地舒展开来，乌鸦也在尽情啼叫。这时园丁站起身来，在胸前画了一个十字，然后意味深长地说："等到了秋天，土里的肥料还得多加一些，沙子也要多撒一点儿。"

不过有那么一刻，园丁会挺起腰杆站得笔直，那是下午花园接受"圣水"洗礼的时候。此时，他一派庄严肃穆的样子，将水柱从水管中喷出；银色的水柱在松软的泥土间散发出湿润、清新的气息，每片叶子都青翠欲滴，闪烁着令人垂涎的美妙，叫人忍不住想咬上一口。"好了，这样就够了。"园丁开心地自言自语。当然，他说的并不是长满嫩芽的櫻桃树，也不是紫色的茶藨子，而是他脚下的褐色泥土。

等到日薄西山时，他会发出心满意足的叹息："这一天可把人累坏了！"

园丁的三月

如果我们要根据真相和传统经验来描述园丁的三月，前提是必须小心区分开这两件事：

第一，园丁要做什么，想做什么；

第二，他能做到的实际最佳程度是什么。

第一点，园丁清楚自己迫切期待的是什么。他期待的不过是扫除云杉的枯枝、犁地、施肥、开沟、挖土、翻土、松土、耙地、整地、浇水、分株、剪枝、整型、种植、移栽、绑藤、追肥、除草、扦插、播种、清扫、修剪、驱赶麻雀和乌鸫、嗅闻土香、用手指挖出幼苗、为雪花莲绽放而欢呼、擦掉满身的汗水、伸展一下腰杆、狼吞虎咽般进食、怀抱铁铲入眠、与云雀一同早起、赞美阳光和雨露、轻抚坚韧的花芽、触摸入春以来结的第一个老茧和水泡，并祈祷从今往后能一直过着充实、勤劳和幸福的园丁生活。

第二点，除此之外，他还是会因为土壤总是硬邦邦的或是又被冰霜冻上了而破口大骂。要是花园被大雪覆盖，他会像笼中困兽一样躁动不安，他坐在炉火前应付感冒，还得去看牙医，法庭也在传唤他前去，还要顺路拜访姑妈、重孙以及唠叨不停的老祖母……眼看三月一天天过去了，都怪这该死的坏天气，还有各种麻烦、意外和倒霉事。要知道"三月本该是花园中最忙碌的时节，我得为即将到来的春天做好准备"。

没错，只有当一个人成为园丁时，他才会切身体会到那些陈腔滥调的俗语是多么正确，例如"苦涩寒冬""北风呼啸""恐怖黑霜"等诸如此类的诗意诅咒；而园丁还有更诗意的表述方式，例如他会说"今年的冬天冷得真操蛋、真狗屎、真混账、真他妈见鬼、真是个畜生"；与诗人们不同的是，他不仅诅咒北风，还会臭骂暴怒的东风；比起阴险狡诈的黑霜，他倒是很少咒骂肆虐的暴风雪。他倾向于使用具有画面感的表达句式，例如"腐朽的冬日正在春天面前负隅顽抗"，并且他会为自己在这场战役中帮不上任何忙，无法手刃冬日暴君而深感惭愧。

要是他能拿起锄头、铲子，或是刀枪剑戟，那他一定会全副武装，一路高喊着胜利的口号奔赴战场；然而他什么也做不了，除了每晚守在收音机旁关注最新的天气预报，口里咒骂着来自斯堪的纳维亚半岛的高气压，或是冰岛上空的强烈气流扰动；对于风是从哪儿来的，我们园丁可是一清二楚。

对我们园丁而言，那些广泛流传的谚语也很可信；我们依然相信"圣马蒂亚（2月24日）破冰"；如果他失败了，我们期待天堂的木匠圣约瑟夫（3月19日）将它劈碎；我们知道"在三月，大家依偎在炉火边"，而且我们相信那三位冰雪圣人的存在，相信春分昼夜等长，相信梅达尔的头巾，以及其他类似的预言；从中我们不难发现，从上古神话至今，人类已经积累了不少坏天气的经验。没有人会感到惊讶，如果听到有人说"在五月的第一天，屋顶上的积雪会融化"，或是"圣若望·聂波穆克日，你的鼻子和手会冻僵"，或是"在圣彼得和圣保罗日，让我们戴好披肩"，抑或是"在圣西里尔和圣梅特霍特伊日，池里的水会结冰"，再者"在圣瓦茨拉夫日，前一个冬天会结束，下一个冬天会降临"等谚语。

总之，这些谚语多数描述的都是令人不快的坏天气。而我们园丁虽然每年都会经历这样的恶劣天气，但他们还是一如既往地期盼和拥抱春天的到来。这一点绝对是对人类无可救药的乐观精神的最佳佐证。

如果一个人是个园丁，那么他多半是个喜欢追忆似水年华的人。他们不仅年纪大，记性也差，每年他们都会说从不记得有过这样的春天。如果天有点冷，他们会嘟囔："有一次，我记得是 60 年前，那个春天可暖和了，紫罗兰在圣烛节就开花了。"可要是天气稍微暖和了一点，他们又会声称从没经历过这么热的春天："有一次，我确定是 60 年前，我们在圣约瑟夫日出门还得坐雪橇。"总之，从这些老家伙们的证词中，我们可以得出这样的推断：天气向来是捉摸不定的，对此我们完全束手无策。

没错，一点忙也帮不上；现在已经是三月中旬了，封冻的大地上冰雪犹存。上帝啊，求你可怜一下园丁的花儿们吧！

我可不会轻易向你透露园丁们互相辨识彼此的秘诀，据说是靠气味，也有人说是某种密码或暗号；不管究竟是靠何种方式，反正他们一眼就能认出自己的同类，不论是

45

在戏院走廊还是茶室，抑或是牙医候诊室。他们说的第一句话，会是交换彼此对天气的看法（"不，先生，我可不记得有过这样的春天。"），然后话题转到湿度问题、大丽花、人工堆肥、某个品种的荷兰百合（"该死，它叫什么名字来着，好吧，算了，我送你一颗球根吧！"），再到草莓、美国园艺目录、去年冬天的损失，再到蚜虫、紫菀以及其他话题。表面上看，他们不过是两位在戏院走廊上一边抽烟一边闲聊的男士；而在真实的灵魂深处，他们是两个扛着铲子和水桶的园丁。

要是手表坏了，你会煞有介事地卸下来瞧瞧，然后找钟表店去修；要是有人的汽车抛锚了，他会掀开引擎盖，装模作样地检查一番，然后叫人拖去维修站。世间不论何等难事，总归能想到解决的办法；唯独天气，人是压根儿没辙。任你热血满腔、野心勃勃、技术先进、手段高超、诅咒恶毒，也都是徒劳。种子到了萌发的时候自会萌发，这就是大自然的规律。由此，你该意识到人类是何其渺小；而且很快你会明白：耐心是智慧之母！

归根结底，我们什么也做不了。

萌芽

今天是三月三十日。上午十点，我的连翘开出了第一朵小花。为了不错过这历史性的一刻，整整三天我都在密切关注它那枚最大的花芽，如同细小的金色豆荚一般；正当我抬头望向天空，看是否会下雨时，它终于开花了。等到明天，连翘的细枝上将缀满金黄色的点点繁星。这一切来得太快，而且一发不可收拾。当然，最重要的是丁香花也加快了步伐；趁你还没注意到，它们就已长出纤弱娇嫩的叶片了。金茶藨子也展开了它 V 字形的褶皱叶片；但是其他灌木和乔木还在等待某种指示。"就是现在！"天地间发出一声号令，等那一刻来临时，所有的幼芽都将一齐绽开，是的，它们一定会的。

植物这种萌芽的现象，人们称之为"大自然的行军"，然而萌芽也只不过是自然的过程。腐朽也是一种自然过程，然而无论如何我们也不会想到它和美好的行军仪式有任何关联。我可不想为衰亡高奏凯歌，倘若我真是一名音乐家，我一定会谱写一首《幼芽进行曲》。队列最前方是丁香花军团，它们在轻快的进行曲中分散着向前跑来；紧随其后的是红梅小分队；接下来踏着正步入场的是苹果和梨树幼芽，为它们抚琴伴奏的是新长出的小草；最后，在管弦乐团的伴奏下，全体嫩芽军团一齐气势恢宏地阔步向前。一、二；一、二……天啊，多么壮观的队列！

有人说春天的大自然变得绿油油一片：这话其实并不完全正确，因为也有嫩芽萌发后颜色变为赤红色、紫红色或玫瑰色，有些嫩芽呈深紫色或绯红色；有些呈褐色，而且像树脂一样有黏性；还有些颜色像雌兔腹部上的白毛；此外，还有紫色、亚麻色，或是像皮革一样的暗色。其中有些嫩芽的外形像蕾丝边，有些像手指或舌头，还有些呈突起的乳状。有些肉嘟嘟地胀起，长着细小的茸毛，敦实得像个胖乎乎的小狗崽；有些带有又尖又细的锯齿；还有些则表面覆满松软的绒毛。我跟你们说，嫩芽同叶片和花

朵一样奇怪又多样。在你面前是一次永无止境的发现之旅。倘若你们想要有所发现，那么一定要选一块小地方。如果我一路跑到贝涅修夫（位于布拉格南部约 30 千米远的一座小城）去探索，会发现那里还不如我的小花园里春意盎然。你一定要纹丝不动地细心观察，那样你才能看见植物们嘴唇微张、相互窥探，看见它们娇弱的手指、伸展的臂膀和如婴儿般娇弱的身躯，同时又迸发着强烈的生存意志；而且你还会听到嫩芽们发出的绵延不断的、微弱的行军口令。

所以，当我写下这些文字时，那道神秘的号令一定是刚好发出："就是现在。"早上都还紧紧卷在一起的嫩芽一下子全都绽裂开来，连翘的细枝上点点金星闪耀，梨树鼓胀的嫩芽悄悄绽开了一条缝，枝头的嫩芽们瞪着黄绿色的眼睛张望春光；饱满的花芽已经绽放，花瓣露出一圈褶皱的花边。别害羞了，脸红的小叶子；张开吧，折叠的扇叶；醒来吧，沉睡的植物们；出发的号令已经下达，一起来演奏尚未完成的进行曲吧！在阳光中尽情闪耀和翻滚吧！我的管风琴，欢快弹奏吧！你们这些金色的铜管、锣鼓、长笛，还有迷人的小提琴，也一起奏响吧！因为这座沉睡了一整个冬天的黄土花园正在进行胜利的春日游行。

园丁的四月

四月，是一个来得适时又让园丁幸福不已的时节。让那些恋人们去赞美五月吧；五月，花草树木不过是在开花而已，而在四月，它们可是在萌芽。仔细瞧瞧这些嫩枝、嫩芽、嫩叶、花苞和幼苗，它们才是大自然最伟大的奇迹，我才不会向你们这些无知之辈多透露一句；要是你蹲下身来，将手指插入松软的泥土中，这时请屏住呼吸，因为你的手指触碰到一个饱满而脆弱的嫩芽。这种感受无法形容，就像接吻之类的事情一样，只可意会不可言传。

好了，让我们再回到柔弱的嫩芽上来。没人知道它是怎样萌发的，但经常会发生这样的情况：当你脚踩在苗床上，想要拣起掉落的枯树枝时，或是拔起一株蒲公英时，

却正好踩到了百合或是金莲花隐藏在地下的嫩芽；脚下发出咔嚓的响声，一时的惶恐和愧疚让你呆立原地；你会认为自己就是一头怪物，所到之处寸草不留。或者当你小心翼翼地给苗床松土时，无意中铲到一株正在土里萌发的球根，或是恰好铲断了银莲花的幼芽；这时，你吓得直往后退，手掌却又压到了正在开花的报春花，或是折断了飞燕草的幼茎。你越是一丝不苟、小心翼翼地操作，造成的意外伤亡就越是惨重；唯有经过长年累月的实践经验，你才能成为一个真正的园丁。不论他怎样活动，都不会伤到植物一分一毫；就算是弄伤了，他也是面不改色、泰然自若。不过，这些都是后话罢了。

除了萌芽，四月也是种植的月份。怀着热情，是的，简直是狂乱的热情与忐忑，你向育苗场订购了一批种苗，要是没有它们你就活不下去了；你早已向所有的园丁友人承诺找他们要分株的小苗；我必须提醒你，你总是无法满足已经拥有的。就这样，一天之内 170 株种苗悉数送达，而且都需要立刻种到地里；可等你把整个花园检查完一遍之后，也找不出多余的空地来安置它们。

因此，四月份的园丁往往是这样一种状态：手里握着一株奄奄一息的幼苗，在花园里来来回回跑了20趟，拼命寻找一寸没种任何植物的空地。"不，这里不行。"他低声咕哝着，"这里我已经种上了那些该死的菊花，福禄考在这里又会太挤，这里是剪秋罗，它怎么还没消失！哼，这里是一大片风铃草，旁边这里的蓍草也空间不够了——我该把它种到哪里？等等，这儿——不，这儿是乌头；或者这儿——可这儿有委陵菜。也许可以把它种在这儿，但早已种满了紫露草；还有这儿——这儿种的是什么呢？希望我还记得。没错，这儿有一点空地；我的小种苗，请你再坚持一会儿，我马上给你铺好苗床。好啦，你就在这儿安心生长吧。"

没错，不到两天园丁就发现他把小苗恰好种在了月见草的紫色嫩芽头上。

园丁是文化发展的产物，而不是自然选择的结果。要是他们按自然演化的话，模样就会截然不同；他们会长出甲虫一样的细腿，那样就不用蹲在脚跟上了；而且会长出翅膀，一是因为好看，二是可以从苗床上方飞过。那些没吃过苦头的人压根不会知道人类的双腿有多碍事，尤其是

当无处可站的时候；而且人类的腿长得离谱，如果想把手插进土壤里，就不得不把它们弯起来；然而当你想从苗床的一头移动到另一头，同时避免踩到除虫菊或耧斗菜的幼苗时，它们又明显太短了。园丁想要挂在吊绳上滑到苗床的另一边，或者至少有四只手，此外就只有一个脑袋和一顶帽子；或者腿像相机三脚架一样可以收缩自如！但实际情况是，园丁和其他人一样被塑造得并不完美，他只能尽力为之：用一只脚尖保持身体平衡，像芭蕾舞演员一样凌空跃起，跨过四米的苗床宽度，像蝴蝶或鹡鸰一样轻盈着陆，努力挤进土空地，对抗地心引力以维持平衡，走遍花园的每个角落却不破坏一草一木，同时还得保持姿态优雅，以免落人笑柄。

当然，若只是从远处匆匆一瞥的话，你只会看见园丁的屁股；而身体的其他部分，例如头、胳膊和腿，都藏在底下了。

好在园丁的付出没有白费，花园里即将一片姹紫嫣红：所有的水仙、风信子、堇菜、琉璃草、虎耳草、葶苈、南芥菜、薄果荠、报春花、欧石南和其他花儿都会在明天绽放，或许是后天，反正一定会让你大开眼界。

是的，所有人都会赞叹不已。"这朵小紫花可真可爱。"一个门外汉说道。对此园丁稍有愠色地回答说："难道你不知道它是比利牛斯山岩美草吗？"园丁对植物名称抱有崇高的信念；一朵没有名字的花，按柏拉图哲学而言，是没有形而上学意义的；简而言之就是没有一个明确意义界定的实体。没有名字的花就如同杂草，而要是它拥有拉丁学名，身份就高贵多了。如果你的花园里长了一株荨麻，你会给它标上拉丁学名 *Urtica dioica*，而你也会对它尊敬有加；你甚至会为它松土、施钾肥。如果你总是这样向别的园丁请教："这种玫瑰叫什么名字？"他会很开心地回答你："这是'布尔密斯特·凡·托勒'，这是'克莱尔·莫尔蒂耶夫人'。"而且他会敬重你，认为你是一个高尚、有教养的人。记住别拿植物名称班门弄斧。千万别说："你的这株南芥菜开得正盛呢。"否则园主定会厉声呵斥："什么？难道你不知道它是'希弗尔雷加·伯恩穆勒里'？"虽然两者都是指同一种植物，但名字就是名字，而我们园丁对名字可是格外讲究的。因此，我们对那些调皮的孩童和捣蛋的乌鸦深恶痛绝，他们总会把植物标签拔出来然后弄混，以至于有时我们都不敢相信自己的眼睛："天啊，这开花的金雀花怎么和薄雪草长一个样——也许是某个地域的变种吧；但它确实是金雀花无误啊，因为这儿插着我写的标签呢。"

节日

　　别误会，我可不是要赞颂五一劳动节，而是要歌唱我的私家花园。要是天不下雨，我会用这样的方式来庆祝：坐在脚后跟上歌唱"等一下，我来给你加一点肥料，之后我再为你修理新芽；而你想不想在土里扎得更深一些，你懂我的意思吗？"然后小庭荠会回答说想要，于是我就可以把它种得更深一些了。因为这是我的土壤，毫不夸张地说，它是用我的血汗浇灌而成的。因为人在修剪枝叶时，每次总是要从几乎贴着手指的位置切下去，哪怕只是修剪小枝或是嫩芽。一个人若有一座小花园，毋庸置疑，那就是属于他的私有财产；花园里长的可不是随随便便的玫瑰，而是他的玫瑰；他不会说一棵樱桃树开花了，而是说他的樱桃树开花了。一位私有财产拥有者会与他周遭的环境形成一种命运共同体的联系。例如，当人们谈论天气时，他会说"我们这儿不能再下雨了"或者"我们这儿降雨已经很充沛了"。此外，他还会发展出强烈的排他性格。他认为，同自己的花园相比，邻居家园子里种的都是些枯枝败叶；或是邻居种的柑橘树不如自己的长得好，诸如此类。可以确定的是，私有财产会唤起人对阶级和集体利益的意识，如天气就是绝佳佐证。但是它也加剧了人对私有财产的强烈占有欲和自私天性。毫无疑问，人要为自己的真理而战，但他更愿意坚定地捍卫自己的小花园。一个拥有几亩地而且在地里耕种的人实际上变成了保守主义者，因为他得依靠延续了数千年的自然规律；顺其自然，没有哪一场革命能加速萌芽的时间进度，或者让丁香在五月前开花；牢记这一点，人会变得更加睿智，虚心接纳大自然的法则以及传统的教诲。

至于你，高山风铃草，我会为你挖一个更深的苗床。开工了！你可以把我这样用手指捣鼓泥土的方式称为工作，也可以把我累得腰酸背痛的原因归结为工作；然而我并不是因为要工作才这样做的，而是因为风铃草。你从事这项工作并不是因为它很美、很高尚，也不是因为它很健康；而是为了让风铃草开花，让虎耳草能长得茂密成丛。如果你想庆祝一番，请别歌颂你的辛劳，而要为风铃草和虎耳草而庆祝。如果你放弃写书和发表文章，转而去当建筑工人或铁匠，你一定不是为了工作而工作，而是为了换取熏肉和豌豆，为了养家糊口，为了能活下去。所以今天，你应该赞美熏肉、豌豆、子女、生命，以及所有你用工作换来的事物。或者你也可以欢庆你的工作所创造的价值。筑路工人并非为自己的工作而欢庆，而是为他们建设的道路；劳动节时，纺织工人应该为他们用机械编织的数不清的布匹而庆祝。尽管这个节日被称为劳动节而不是成就节，但人们更应该自豪的是他们的工作所创造的价值，而非工作本身。

我曾问过一个拜访过已故的托尔斯泰的人，问他托尔斯泰亲手缝制的靴子质量如何。他告诉我说真的很差。如果一个人从事一项他认为应该从事的工作，单纯是因为喜欢，或是因为擅长，抑或是以此谋生，这些理由都说得通。但若仅仅是为了原则而缝制靴子，为了原则或美德而工作，那么这项工作毫无意义可言。我期待有朝一日，劳动节能成为一个表彰那些用聪明才智带领大众正确认识工作和进行工作的杰出人物的节日。如果我们一起欢庆全球各国的这些伟人，那一天将会是无比欢乐。它将会成为一个真正的欢庆日，一个生命的朝圣日，一个所有人的节日。

　　好啦，真正的劳动节可是一个严肃而骄傲的日子，但请不用放在心上，我心爱的宿根福禄考，快绽放你的第一朵粉红色杯状花吧。

园丁的五月

　　瞧，前面我们已经饶有兴致地谈了一大堆有关翻土、挖土、种植、除草方面的内容，接下来不得不说园丁引以为豪的、最重要的乐趣了，那就是他的岩石花园。他之所以将其命名为阿尔卑斯花园，很明显是因为花园中的这个小角落会让栽培者深感如同攀爬险峻的阿尔卑斯山一样，随时有摔断脖子的危险。要是他想在那两块石头中间种一株小小的点地梅，就必须先将一只脚踩在摇摇欲坠的一块石头上，然后将另一只脚腾空并保持平衡，以免踩到糖芥或南庭荠；他必须不断变换劈腿、屈膝、前倾、后仰、倚靠、站直、跳跃、前扑等各种滑稽姿势，才能在这看似风景如画，可基石却一点也不牢固的岩石花园里完成播种、挖土、

刨土和除草等工作。

从这个角度来看，培育岩石花园可谓是一个高度刺激的运动项目；此外，有时还会给人带来意想不到的无穷惊喜。例如，当你爬到令人晕眩的高度时，发现一丛雪白色的薄雪草，或是冰川石竹，抑或是其他所谓的高山花卉种类。但我要告诉你的是，那些没有倾心尽力培育过迷你风铃草、虎耳草、剪秋罗、婆婆纳、蚤缀、葶苈、屈曲花、庭荠、福禄考（还有仙女木、糖芥、韭葱和景天），以及薰衣草、委陵菜、银莲花、春黄菊和水田芥（还有石头花、岩风铃和各种百里香，还有矮鸢尾、金丝桃、橘黄山柳菊、岩蔷薇、龙胆、卷耳、海石竹和柳穿鱼；别忘了还有高山紫菀、苦艾、六倍利、大戟、肥皂草、牻牛儿苗、薄果荠、指甲草、遏蓝菜、岩芥菜、金鱼草、蝶须，以及其他数不胜数的美丽花草，如岩美草、紫草、紫云英，还有其他同样重要的，如报春花、高山紫罗兰等）；是的，对于没有栽种过上述这些植物以及很多其他植物（其中我必须提一下滇紫草、芒刺果、黄羽菊和漆姑草）的人，根本没资格说见识过这世界真正的美；因为他从未目睹过这粗犷的大地竟能在片刻温柔间（也不过是持续了几千年而已）创造出世间最美的生灵。要是你见过石竹花丛开满粉红色花瓣的话——

但我跟你说这些有什么用呢？只有那些培育过岩石花园的内行人士才懂其中趣味。

没错，因为岩石花园的培育者不仅是一个园丁，还是一个收藏家，沉迷于自己的爱好中不可自拔。要是你告诉他你的垫状风铃草长根了，他一定当晚就跑去偷挖回来，甚至不惜开枪和杀人灭口，因为没有它，他一刻也活不下去。如果他是一个胆小鬼或是太胖，干不了偷窃的勾当，他会哭着乞求你送他一盆迷迭香。谁叫你在他面前炫耀宝贝呢？

或是瞎猫碰到死耗子，他在花店意外发现一盆没有标签、长得绿意盎然的盆栽，"这个是什么啊？"他忍不住问。

"这个嘛……"花店老板尴尬地回答道，"好像是某种风铃草，我也不是很清楚——"

"把它给我吧。"花痴装作不经意地说。

"不行。"花店老板说，"我不想卖。"

"哎呀，你看。"花痴换上殷勤的语气说道，"我都是你多年的老顾客了，你说你还有什么顾忌不肯卖给我呢，没有吧？"

在两人争论半天无果后，花痴再一次起身离开了，然

后又折身返回，站在那盆无名的植物前，强烈声明他今天不得到它就誓不离开，即使是耗上九个星期。最后，等尝试了各种威逼利诱、软硬兼施的手段后，他终于如愿以偿地捧着这盆神秘的风铃草回家了，为它挑选了花园中最好的一块地方，无比温柔地将它种下去，每天给它浇水，像对待稀世珍宝一样呵护得无微不至。果然这株风铃草没有辜负园丁的悉心照料，长得格外茂盛。

"你看。"园丁骄傲地向客人炫耀，"我这株风铃草是不是很特别？还没人能鉴定出它是什么品种；我很好奇它开花时的样子。"

"那是风铃草吗？"客人问道，"它的叶子简直和辣根一模一样。"

"胡说！怎么可能是辣根？"园丁反驳道，"辣根的叶子可要大得多，难道你不知道吗？而且没有这么光泽。毫无疑问它就是风铃草；当然也可能——"他羞怯地补充说，"它是某个新品种。"

在园丁的辛勤照料下，风铃草长速惊人。"你们瞧瞧，"园丁嘲讽道，"你们说它的叶子像辣根，你们什么时候见过辣根的叶子有这么大？老兄，我要告诉你们，这是超大型

的风铃草；它开的花一定有餐盘那么大。"

最后，这株独一无二的风铃草开始抽出花葶，而花葶上长的——"咦，不就是辣根吗？园丁怎么可能期望它开出花来呢？"

"您听我说。"过了一阵子客人又来问，"那株巨型风铃草在哪儿呢？开花了没？"

"很遗憾，它已经死了。这类珍贵的植物对环境格外敏感，你是知道的——它很可能是某种杂交种。"

订购种苗也是从来不让人省心。三月，苗圃老板经常无法按时发货，因为土壤可能尚未解冻，幼苗还没长出来；四月，他还是很难顺利交货，因为他手头的订单太多了；而五月，他的库存已经所剩无几。"报春花已经没有了，不过如果您乐意的话，我可以给您换成毛蕊花；它开的花也是黄色的。"

有时候赶上好运气，邮递员准时送来一箱你订购的种苗。哈！太棒了！花园里实在是挤占了太多的高山花卉，我要在乌头和飞燕草中间种一些新植物；当然我们要在那儿种上白鲜（也可以叫薄荷花或火烧木）；虽然他们送来的种苗只有一丁点儿大，但它们的长势如野火般凶猛。

一个月后，种苗并没长大多少；看上去就像是很短的一截小草——如果你事先不知道它是白鲜，你会说这一定是石竹。我们得多给它浇水，好让它快点长大；瞧这儿，好像是粉红色的花。

"你们看，"园丁对经验丰富的访客说道，"这不是一株小白鲜吗？"

"你指的是石竹吧？"客人更正道。

"没错，是石竹。"园丁热切地回答说，"刚才是不小心口误，我正想着在这片高大的宿根花卉中种一株白鲜也许会更好看，你觉得呢？"

所有的园艺指南都告诉你："种子育苗是获取幼苗的最好方式。"但它们却没告诉你，当我们谈及这些种子时，它们其实都有各自的生长习性。其中有这样一条自然法则：种子要么一粒都不发芽，要么全部一齐萌发。有人说："在这儿种一株观赏蓟应该很不错，如羽蓟或大翅蓟。"于是两种种子他园丁各买回了一包，种到地里，然后欣喜地期盼着种子早日发芽。过了一段时间，园丁要进行移栽了，他高兴极了，因为他拥有160盆种苗；他会说，用种子培育

出的种苗果然是最好的。然而等到种苗需要移栽到地里时，他顿时傻眼了，该如何处理这足足 160 株观赏蓟？好不容易他把所有能用的空地都塞满了，可还剩下 130 株。怎么办？园丁实在是不忍心把它们扔进垃圾桶里，毕竟他可是花了一番心血才将它们培育出来的。

"嗨，伙计，你不想种一些观赏蓟吗？你要知道它们真的很漂亮。"

"是啊，何不种种看？"

谢天谢地，邻居拿走了 30 株幼苗，园丁接着又跑回花园里，想着剩下的该如何处理。对了，对面和隔壁的邻居还没——

上帝啊，你一定要救救这些可怜的家伙，当他们发现这些观赏蓟竟能长到两米高时！

天降甘霖

　　也许我们每个人或多或少都遗传了一点园丁的基因，即使我们的窗外并没有种植天竺葵或海葱；而是因为每当烈日持续一周以上时，我们都会焦虑地望向天空，并且对遇到的每个人都重复同样的话："该下雨了。"

　　"的确是。"另一个住在城里的人说道，"前几天我去了雷特纳，那儿简直干透了，连泥土都开裂了。"

　　"几天前我坐火车去过科林。"第一个人说，"那儿干得吓人。"

　　"我们亟须一场瓢泼大雨。"另一个人叹息道。

　　"是的，起码也得下三天。"第一个人说。

　　然而此刻烈日依旧，布拉格的空气中缓缓散发着人类又湿又咸的汗臭味，电车上乘客的体味在蒸发，他们的脾气也开始变得躁动不安起来。

"我想，该下雨了吧。"一位大汗淋漓的乘客说。

"早该下雨了。"另一个人呻吟道。

"至少得下一个星期。"第一个人说道，"下到可怜的草地和庄稼里。"

"实在是太干了。"另一个人咕哝着。

正当酷热搅得人心浮气躁时，一股低气压正在城市上空酝酿着，暴风雨包裹了天空，却也无法使大地或人们感到丝毫放松。但是突然间，暴风雨再次在地平线上低吼，凉风裹着湿气刮起，雨终于来了。连绵的雨丝落在人行道上，大地开始大口呼吸，雨水哗哗作响，如鼓点，如击掌，它们欢快地敲打窗户，如上千只手指同时击打键盘，哗啦啦汇入河中，在泥浆中飞溅。人们兴奋地大声尖叫，把头伸出窗外感受从天而降的雨露带来的清凉。有人吹起了口哨，有人在欢呼，有人光着脚丫站在街道上雨水汇集成的黄褐色水坑里。这真是天赐甘霖啊，清凉欢快的雨水，你洗涤我灵、净化我心！炎热使我成魔、邪恶和懒惰。我变得懈怠、昏沉、呆滞、物质和自私。干旱将我榨干，沉重和难受令我窒息。饥渴的大地迎接雨点的敲打，发出悦耳的银铃声。欢腾吧，飞流的雨水，请洗刷万物生灵。没有哪种太阳的奇迹能比得上这天赐甘霖。奔流吧，欢乐的雨水，流入大地的每一寸沟壑；洗礼和解放那些被干渴囚禁的可怜人儿。我们终于都能重新自在呼吸，包括青草、我、土地，以及世间万物。

"这场雨真是不可思议！"我们互相说道。

"太美妙了！"我们说，"应该再多下一点。"

"是该多下一点。"我们自问自答道，"但即便如此，这也是场天赐甘霖。"

不到半个小时，又下起了连绵不断的雨丝；这场真实、静谧而美好的降雨，轻轻地落在广阔的庄稼地里。它不再是汹涌澎湃的激流，而是平缓柔和的霏霏细雨。这每一滴宁静的甘露，你都不愿浪费。然而云霭渐散，阳光倚着雨丝倾泻而下；最后降雨渐息，而大地则在畅快地呼出温热的湿气。

"这真是一场不折不扣的五月梅雨。"我们不停赞叹，"现在整个世界都变得绿意葱茏了。"

"多下几滴吧！"我们还意犹未尽，"再多下一点点就够了。"

太阳又变回原来的火力四射，潮湿的土壤里热气蒸腾而起，空气像温室一样又闷又潮。在天边的一角，一场风暴正在酝酿形成；你呼吸着湿热的水汽，几滴硕大的雨水落到地面上来，从其他地方吹来的风里裹挟着雨水的清凉。

你厌倦了如同温水浴般的湿热空气；你尽情呼吸着湿润的空气，你忍不住涉足清凉的溪水中，你看见天边白色和灰色的云团正在不断汇聚；啊，整个世界仿佛都要溶解在这五月柔软温热的雨水里。

"还应该再多下一点。"我们喃喃自语。

园丁的六月

六月最主要是除草的时节；不过对我们这些住在城里、拥有一座小花园的园丁来说，可不要以为我们会在某个晨露未干的清早磨着锄头、穿着开衫，一边大声唱着民谣，一边情绪高涨地割下晶莹闪亮的青草。这样的情形绝不可能发生在我们园丁身上。首先，我们园丁想要一块英式草坪，绿得像台球桌布，密得像地毯，它应该是一块毫无缺陷、如天鹅绒般柔软、如餐桌般平整的完美草坪。那好吧，春天时我们发现这块预想中的英式草坪竟然是由苔藓、蒲公英、三叶草、泥土以及一些又硬又黄的草坪草组成的。所以我们的首要任务就是清除杂草；我们弯下身坐在脚后跟上，将所有不成规矩的杂草统统拔掉，只留下一块惨遭蹂蹒的荒凉之地，就像有一群砖瓦匠或是斑马刚在上面跳过舞一样。然后你给它浇上水，之后任由烈日暴晒，直到我们决定要对它进行修剪时为止。

毫无经验的园丁打算修剪草坪时，他会前往最近的城郊。在一条又干又秃的河岸上，他看到了一位老妇人，正牵着一头啃食荆棘或网球场围网的瘦弱山羊。

"老奶奶。"园丁和颜悦色地说道，"你想让你的山羊吃一些鲜美的青草吗？你可以到我家来，想割多少都可以。"

"那我有什么好处呢？"老妇人考虑了一会儿后问道。

"20克朗。"园丁说，然后他欣喜地回到家，等着老妇人带着山羊和镰刀前来，然而老妇人并未出现。

之后园丁自己买了镰刀和磨刀石，并宣称自己不用求任何人，他会亲自修剪草坪。然而不知是镰刀太钝还是城里的草太有韧性，又或者是其他什么原因。总而言之，那镰刀一点都不好使。园丁必须攥住每株草茎顶部往上拧，然后用镰刀使劲割断草茎基部，可这样一来，就连根部也往往被拔出来了。而如果用剪刀则要快得多。当园丁终于完成修剪和拔草工作时，实际上草坪也被他尽其所能地踩蹒了一番。他把剪下的草耙到一起堆成垛，然后又去寻找

待售

那位牵着山羊的老妇人去了。

"老奶奶。"这次园丁的嘴像是沾了蜜似的，"难道您不想给您的山羊喂一点干草吗？我这儿有很多美味而洁净的干草。"

"那么你给我多少报酬呢？"老妇人又考虑了一会儿后问道。

"10克朗。"园丁说道，然后他跑回家，再次等待老妇人前来收干草，然而园丁的期待又一次落空了；可是就这样扔掉这些上好的干草，也未免太可惜了，不是吗？

最后，园丁只好请来清洁工处理掉这些干草，而且为此他还得支付清洁费。"先生，您应该知道。"清洁工解释说，"这些本不该由我们来清理的。"

有经验的园丁会直接买一台割草机回家；就是那种带轮子的器械，响起来像机关枪一样；当它在草坪上运作时，被剪断的草茎会在空中四处乱飞。我跟你们说，当你把这样一台割草机带回家时，会十分有趣。所有的家庭成员，从祖辈到孙辈，全都争相恐后要用它来割草；对他们而言，开着割草机修剪花园里的草坪实在是太新鲜好玩了。"看

着。"园丁神气地说道，"我来给你们演示它是怎么工作的。"然后，他便摆出一副专业技师的模样，将割草机推到待修剪的草坪上。

"现在让我来试试吧。"另一位家庭成员央求道。

"再等一会儿。"园丁坚持声明自己的拥有权，接着又继续修剪，直到草茎飞得到处都是才停手。这真是第一个令人欣喜的干草收获日。

"听着。"一段时间后，园丁对另一位家庭成员说，"你想不想推着割草机在花园里割草？可好玩了！"

"我知道。"另一个人不冷不热地回答道，"不过我今天没空。"

众所周知，干草收获的时节也是暴风雨频发的季节。有时一连数日它都在天地间鼓胀着自己的身躯；太阳为非作歹地炙烤着大地，泥土都开裂了，连狗身上都是臭气冲天；农民满脸惆怅地望向天空说："该下一阵子雨了。"不久后，征兆不祥的云团出现了，接着狂风大作，将尘土、帽子和树叶一起掀飞到半空中；这时园丁立马顶着满头乱发冲进花园里，他可不会效法浪漫派诗人和大自然作对，而是会

将所有在风中无助摇曳的植物一一绑牢。他拿出工具和椅子，准备去处理满园狼藉。正当他徒劳地试图固定住飞燕草时，第一滴硕大而灼热的雨点已经落了下来；顷刻间，天地仿佛归于一片死寂，可紧接着便是一声惊雷！雷声滚滚，大雨倾盆。园丁狼狈地跑回门廊里，心情沉重地看着他正遭受暴风雨摧残的花园；当情况已经到了不能再糟的地步，园丁奋不顾身地冲进雨中去绑好那残败倒伏的百合，仿佛他是在拯救一个溺水儿童。"上帝啊，这简直是一场可怕的洪灾！"雨中夹杂着冰雹，落在地上然后弹起，发出噼里啪啦的响声，然后被浑浊的雨水汇成的水流带走；而园丁在为花儿们的命运担忧的同时，心中对大自然崇高力量的敬意也油然而生。之后隆隆声渐渐低沉，滂沱大雨也越下越小，变成了绵绵细雨。园丁赶忙跑进被冻僵了的花园中，一脸绝望地看着他心爱的草坪被泥沙覆盖，鸢尾花残败不堪，花圃简直是惨不忍睹。然而当第一只乌鸫又开始鸣叫时，他冲着篱笆另一边的邻居喊道："你看，这场雨还应该再多下一点儿，这些对大树来说还远远不够。"

第二天，报纸上这样描述了这场天灾，说它对农作物造成了如何严重的破坏；却只字未提对百合或是东方虞美人造成的毁灭性破坏。我们园丁总是会被世人忽略。

如果真奏效的话，那园丁每天都会跪下身来祈祷："上帝啊，保佑每天都能照这样下雨，从午夜到清晨三点，不过，您要明白，我说的是轻柔温和的小雨，以确保它能被土壤和植物充分吸收；希望与此同时雨水不会落在剪秋罗、庭荠、半日花、薰衣草，以及其他那些旱生植物身上，全知全能的主啊，您一定知道我所说的这些——如果您喜欢，我会把它们的名字都写在小纸片上——希望太阳可以普照整个白天，但不是每处都照到（例如，不要照到绣线菊身上，也不要照到龙胆、玉簪或杜鹃花身上），而且也不要太强烈；然后要有充足的露水和一点微风，还要有足够的蚯蚓，不要有蛞蝓和蚜虫，也不要霉菌，每周要下一场稀释的肥料雨，还有从天而降的鸽子粪。阿门。"如果真能这样，这儿会成为伊甸园；否则花园会和过去一样，什么也不长，它们怎么可能长得出来？

提到"蚜虫"这个词，我必须补充一点：六月份一定要消灭蚜虫。为了做到这一点，园丁已经试遍了各种粉剂、药水、酊剂、浓缩液、注射液、烟熏、砒霜、烟草、肥皂泡以及其他毒药，正当园丁还在徒劳无功地尝试一种又一种方法时，却发现蔷薇花上早已爬满了又肥又嫩的青色蚜虫。如果你十分小心地注意药剂的用量和喷洒范围，你会发现有时候蔷薇能够从这场灭顶之灾中侥幸存活下来，叶片和花芽则往往没那么幸运，全都呈现出一副枯萎景象。然而即便经过这样的强力整顿，可蚜虫很快又会泛滥开来，在所有的细枝嫩叶上爬得密密麻麻。之后，园丁只好采取最不情愿的终极手段了——只见他带着极度厌恶的表情——用药水将所有嫩枝上的蚜虫一一淹死。唯有这种方法才能将它们彻底消灭，可代价是接下来很长一段时间里，园丁身上都充斥着烟草提取物和机油的气味。

关于蔬菜园艺者

他们是这样一群人，当他们读到这些充满教育意义的文字时，一定会义愤填膺地说："什么！这个家伙在这里谈的净是些不能吃的叶子缨子，却对胡萝卜、黄瓜、大头菜、皱叶甘蓝、卷心菜、花椰菜、洋葱、韭菜、萝卜，甚至芹菜、细葱和欧芹等美味的蔬菜也只字未提！这算哪门子的园丁，他一方面狂妄无知，另一方面连莴苣这种地里能长出的美味作物都彻底忽略了！"

我必须对这项指控做一些解释。曾经有一段时间，我的确也在几块苗床上种过一些胡萝卜、皱叶甘蓝、莴苣和大头菜；我当时之所以那样做是出于一种浪漫情怀，想让自己沉湎于做一个自给自足的农夫的幻想之中。可等到收

获之时，很显然每天我必须努力吃掉上百根胡萝卜，因为家里再也没人想吃了；之后我又被皱叶甘蓝淹没了，紧接着是大头菜盛宴……连续有好几周，我不得不一日三餐都吃莴苣，因为我不想残忍地把它们扔掉。我绝非有意要破坏那些蔬菜园艺者的兴致；他们要是有本事把自己种的蔬菜全吃光，我就无话可说了。但要是有人迫使我啃食我自己种的蔷薇或铃兰，那么我一定会丧失对它们的敬畏之情。

除此之外，我们园丁早已是树敌颇多了：麻雀、乌鸫、小孩、蜗牛、蝼蛄和蚜虫。我问你们："我们有必要对毛毛虫宣战吗？还有必要让白粉蝶和我们作对吗？"

或许每个人都曾幻想过，假如有一天他当上独裁者会做什么。要是我的话，那一天我会下达成千上万条规章制度。此外，我还会颁布一项"树莓禁令"。它将规定所有园丁都不得在篱笆旁种植树莓。谁能告诉我，要是一个园丁种的树莓侵犯到邻居家花园里的杜鹃花中间，这还得了！这些树莓的根系在地下可以扩张数千米；没有哪道篱笆、围墙或沟壑，甚至铁丝网或警告牌能阻止它们；这些入侵者会在你种有香石竹或月见草的苗床中间钻出芽来，简直是无法无天！要我说，你们的每一棵树莓都会长满蚜虫，你们的床中央会有树莓生根发芽，还有你们的脸上会长出树莓一样大的肉赘。如果你是一个有素质、讲原则的园丁，那么你绝不该在篱笆旁种树莓、蒿蓄、向日葵，或是其他可能会侵犯邻居家私有领地的植物。

当然，如果你想和邻居处好关系，那就在篱笆旁种上甜瓜吧。曾经有一次，我邻居家的一个特大号甜瓜越过篱笆长到我家院子这边来了，那真是一个又大又美、足以打破世界纪录的甜瓜，让所有作家、诗人甚至大学教授都为之惊叹不已，他们无法理解一个如此巨大的果实究竟是如何挤进篱笆间的狭窄缝隙的。过了一段时间后，这个大甜瓜看着不太讨人喜欢了；于是我们把它摘了下来，为了以示惩罚，便把它吃进肚子里了。

园丁的七月

依据铁打的园艺定律，七月是嫁接蔷薇的时节。通常操作程序是这样的：先准备好一株园艺蔷薇和一株野蔷薇，或是其他可以作为嫁接用的砧木，然后尽可能找好大量可供嫁接的枝干部位，最后还需要一把园艺或嫁接专用的刀具。万事俱备后，园丁用手指抵着刀具小心翼翼地削开枝干的木质部，要是嫁接刀具太锋利的话，很容易割伤手指，留下血流不止的伤口。你得用好几米长的纱布来包扎伤口，而那一枚枚大而饱满的花芽就是靠这染血的手指——嫁接后才长出来的。这就是所谓的蔷薇嫁接。如果你手头上没有可用于嫁接的蔷薇，你也可以通过其他途径取得手指割伤出血这一"成就"，如扦插、剪除残枝败花、修整灌木或其他类似的园艺活动。

等完成蔷薇嫁接，园丁发现又该给园圃中又干又实的土壤松整一下了。这项工作他得一年干六次，而且每次他都能从土里拣出多到令人难以置信的石头和其他杂物。似乎石头是从某些种子或卵里面长出来的，或是从神秘的地下王国中持续不断地冒出来的；又或是地球以某种类似于冒汗的方式排出来的。花园——或者称之为园土、腐殖土或堆肥——主要由一些特殊组分构成，如泥土、厩肥、腐叶土、泥炭、小石子、酒瓶碎渣、碗碎片、小钉子、铁丝、骨头、胡斯之箭、巧克力锡纸、砖块、旧硬币、旧烟斗、平板玻璃、小镜子、旧标签、罐头盒、鞋带、纽扣、鞋底、狗屎、煤炭、锅把、洗脸盆、抹布、瓶子、轨枕、牛奶罐、扣环、马蹄铁、果酱罐、绝缘材料、碎报纸以及其他不胜枚举的东西，为此我们惊讶不已的园丁将不得不挖遍花园里的每一寸土地。有一天，或许他会从他的郁金香花丛底下挖出一个美国火炉、阿提拉的坟墓，或是西比尔预言书；在精心培育的园土中，挖出什么都不足为奇。

然而七月最主要的工作，当然要数给花园浇水了。如果园丁用洒水壶浇水，那他简直得像里程计数器一样统计自己浇了多少壶。"哎哟！"他像打破了比赛纪录一样自豪地宣称："今天我一共浇了45壶水。"如果你知道当清凉滋润的雨水浇灌到土壤上时是多么美好；当花儿和叶片在傍晚浇过水后挂满欢乐的水珠；当整个花园像干渴的朝圣者喝到水时那样畅快地呼吸——"啊！"朝圣者擦掉胡子上沾的水，说道，"这简直像地狱般干渴难耐，上帝啊，再赐我一点水吧。"于是园丁为了缓解七月花园里的干旱，又跑去灌来了一壶水。

　　当然，要是用水龙头和水管浇水会快得多，而且可以说是全方位覆盖；在相对较短的时间里，我们不仅可以浇灌好苗床，还可以浇完草坪，连隔壁园子里喝下午茶的邻居、过路人、房子里面和家里所有人都不会错过，当然被淋得最彻底的是我们园丁自己。像这种从水龙头里喷出来的水柱火力实在惊人，简直就像机关枪；一眨眼工夫它就可以在地上冲出一道壕沟，冲倒宿根花卉，力道大得足以和大树扳手腕。要是你拿喷嘴逆着风喷水，它会给你来一场痛快的淋浴；水柱喷到身上的感觉，就好比是在做水疗一样。

而且水管还特别喜欢在管身中间制造漏洞，而那正是你最不希望发生漏水的部位；然后你就像一尊伫立于喷泉水柱中央的女神像，脚下被长蛇般的水管缠绕；那场面绝对令人赞叹不已。等到你浑身湿透时，你终于可以满意地宣布花园已经浇够了，然后才想着把身子擦干。与此同时，花园发出了嗷嗷的渴叫声，刚刚才浇完的水转眼就被吸干了，花园又变得和之前一样又干又渴。

德国哲学家主张，这个粗鄙的世界固然简单，然而它受一种更高级的道德秩序所统治，即"你应该，所以你能够"，或者说世界本该如此运转。尤其是到了七月，园丁格外欣赏这条高级法则，因为他们深知那些事物本该如此。"应该要下雨了。"园丁用他特有的方式说道。

可通常真相是这样的：当太阳那所谓的生命之光炙烤着大地，地面温度高达 50℃以上时；草儿变得枯黄，树叶变得枯萎，枝干也因为干旱和炎热而变得萎蔫下垂；当地面开裂，被烤成石头一般，或是碎裂成炽热的尘埃，然后园丁的处境总会是这样子：

一、水管开裂了，因此，园丁无法浇水。

二、送水站不知出了什么故障，水龙头里放不出水。而你呢，可以这样说，简直就是身处烤炉中——一个火热滚烫的烤炉中。

这时候，园丁只有用他的汗水来浇灌土地了，然而一切都是徒劳的；只需想想他得流多少汗才够浇一小块草坪就知道了。同样的，不论园丁怎样咒骂、诅咒、亵渎和吐口水，即使我们每个人跑到花园里吐一口痰（每一滴水都有用！）也无济于事。于是园丁只好委身于更高级的天地秩序，听天由命般地央求道："老天啊，给我们来场雨吧。"

"今年夏天你打算到哪儿去度假啊？"

"我可不在意，不过老天也该下雨了吧。"

"那你对恩格列索夫辞职一事有什么看法？"

"我觉得真该下雨了。"

"亲爱的园丁先生，不妨想象一场美好的十一月雨水吧，一连四天、五天甚至六天，冷雨霏霏，天色昏沉，寒气简直要钻进骨子里……"

正如我所说的，该下雨了。

蔷薇、福禄考、堆心菊、金鸡菊、萱草、唐菖蒲、乌头、旋覆花、金鱼草和茼蒿菊——谢天谢地！我们还有足够多种类的花来应对这些糟糕的情况！花开花落自有时；你不得不一边剪掉枯萎的花枝，一边轻声叹息（当然是对着花儿，而非自言自语）："现在你的时辰到了，阿门。"

仔细瞧瞧那些花儿，它们可真的像女人一样：如此娇艳美丽，即使你双眼盯着它们片刻不离，也永远看不够它们那无与伦比的美丽，总有一些眼睛错过的细节，天啊，太美了！我们对美好的事物总是贪得无厌；然而它们转瞬间就开始凋零，我根本不知道，它们（我说的是花儿）忽然间停止了自我打扮，那些粗鲁的人可能会说，它们看上去就像破衣烂衫。多可惜啊，我的小美人们（我说的是花儿），韶光易逝，时间匆匆；香消玉殒，花落成泥，只留园丁一人愁。

对园丁而言，秋天早在三月就已经来临了；最先枯萎的便是雪花莲。

植物学章节

众所周知，我们可以将植物划分为高山、草原、极地、地中海、亚热带、沼泽以及其他地域的植物类型，也可以通过植物的原生地、被发现的地域，以及生长繁盛的地域来加以辨别。

好吧，不管你是以何种原因对植物感兴趣的，你都会发现有些种类的植物在咖啡馆中长得格外旺盛，有些喜欢长在屠夫家里；有些特定的种类在火车站长得最好，还有一些则对信号员的工作亭情有独钟；要是你愿意进行一番深入详尽的对比调查的话，就不难发现天主教徒窗外盛开的花儿与无神论者家窗外的种类截然不同；相比之下，玩具店窗外则往往是些毫无生气的仿真花，诸如此类。尽管植物分类学可谓尚处于襁褓阶段，但我们还是能分清一些特征显著的植物类群。

一、生长于火车站的植物可分为两类：长在月台上的与长在站长花园里的。月台上的植物通常悬吊于花篮中，有时也长在屋檐上或是车站窗户内。在这些地方最容易见到的植物有旱金莲、半边莲、天竺葵、矮牵牛和秋海棠，而龙血树仅在一些高级车站才有可能出现。火车站植物的显著特色在于其非比寻常的繁密花朵和丰富花色。站长花园里则要逊色得多，那里只有月季、勿忘我、半边莲、忍冬，以及其他毫无特色可言的植物。

二、铁道植物生长在信号员的花园里。植物种类包括蜀葵、向日葵、旱金莲、野蔷薇和大丽花，有时还有紫菀；众所周知，其中大部分植物可以越到围栏另一边，也许是为了取悦路过的火车驾驶员。野生的铁道植物长在铁轨边上，其中主要有半日花、金鱼草、毛蕊花、春黄菊、牛舌草、野百里香，以及其他铁道植物种类。

三、屠夫植物长在屠夫的窗户边，它们在各种被肢解的动物尸体、火腿、羔羊和香肠中间生长着。其中只包含几种植物，主要是桃叶珊瑚、非洲天门冬和仙人掌科植物，如仙人掌和仙人球；在屠宰场你也许会看到盆栽的南洋杉，有时还有报春花。

四、酒馆植物主要分为两种：摆在门口的夹竹桃与摆在窗口的蜘蛛抱蛋。特别是在叫作"乡村风味"的酒馆里，窗边常种有瓜叶菊；在餐厅里你会看到龙血树、喜林芋、阔叶秋海棠、彩叶草、马缨丹、无花果，以及那些作家们惯用的诸如"仿佛置身于美妙奇异的热带雨林"之类的辞藻所描述的植物种类。只有蜘蛛抱蛋能适应咖啡厅的昏暗环境，而在简陋的棚屋里，半边莲、矮牵牛、紫露草，甚至是月桂和常春藤，都长得格外旺盛。

就我的经验来看，没有哪种植物会愿意在面包店、兵工厂、汽车和农用机械销售店、五金店、皮革厂、文具店、衣帽店以及其他许多商业场所扎根生长。办公室窗户边要么是空无一物，要么是长出红白相间的天竺葵；通常来说，办公室植物的命运完全取决于办公室职员或领导的善意和同情。虽然有以上这些传统认识，但在铁路边也可以看到一些昂贵的植物，而邮局和电报局里压根儿见不到一株植物；在自主管理的工作单位里植物长得尤其茂盛，而税务局之类的机构里则荒凉得如同沙漠一般。当然，墓园植物则完全是自成一格，尤其是那些名人墓园的石膏像周围往往草木葱茏；属于这里的植物有夹竹桃、月桂、棕榈树，以及心情很差的蜘蛛抱蛋。

至于窗台植物，它们也可以分为两类：穷人家的和富人家的。往往穷人家的窗台植物会长得更好；而富人家的则每年都会死，因为他们总是在外出度假。

毫无疑问，以上关于植物地点分布多样性的调查十分有限；今后若有机会，我一定要好好调查什么类型的人喜欢种植倒挂金钟，什么人喜欢西番莲，还有什么职业的人是仙人掌狂热爱好者，等等；或许有一天，会发展出某种特殊的"共产主义"植物，或是"自由党"植物。世界辽阔多姿，每一种职业，甚至每一个政党，都可以选择代表自己的专属植物！

园丁的八月

八月通常是那些业余园丁将花园弃之不顾而跑去旅游度假的时间。他曾一整年都信誓旦旦地说今年哪儿也不去，因为所有的度假胜地都比不上他心爱的花园，而且作为一个园丁，他才不会蠢到为火车和旅途中的劳顿周折所累；然而夏天的钟声刚一敲响，他就逃离了城市，或许是因为血液中流淌的游牧民族之魂被唤醒了，或许是为了逃离邻居没完没了的絮叨。尽管他要离开，却又满含眼泪，带着沉重的心情和对花园的牵挂；而且要是没有找到一位可以信任的朋友或亲戚在那段期间来照顾他的花园，他是绝对不会走的。

"您看这儿。"他说，"不论什么情况，现在花园里没

什么需要打理的，您只用每三天过来看一次就够了，要是您发现哪儿出了状况，一定要寄封信给我，我会马上赶回来的。所以，现在一切都拜托您了，到时有事再联系。正如我说过的，只要五分钟就够了，只用随便走一圈瞧瞧。"

等他把花园托付给一位热心肠的朋友后，园丁离开了。第二天，这位朋友就收到了园丁寄来的一封信："我忘了告诉你花园需要每天浇水，最适合的浇水时间是清晨五点和傍晚七点。这项工作很简单，你只需用螺丝将软管固定到水龙头上，然后浇一会儿水就好了。拜托你把针叶树都彻底浇透，草坪也是如此。如果你看到有任何杂草，请麻烦你把它们拔掉。好了，就这些。"

又过了一天。"天气太干了，拜托你给每株杜鹃花浇两桶不冷不热的水，每株针叶树浇五桶，其他树大约每棵浇四桶。那些正在开花的宿根花卉，也需要浇大量的水——请回信告诉我哪些植物正在开花。枯萎的茎秆一定要剪掉！要是你能帮忙给苗床松松土，那就再好不过了；土壤透气性会因此好很多。要是蔷薇上长了蚜虫，一定要去买烟草萃取液，在晨露未干时或是刚下完雨后用它来对付蚜虫。目前没有什么其他需要做的了。"

第四天。"我忘了告诉你草坪一定要修剪；你可以轻而易举地用割草机来搞定，要是有割草机够不着的，你就用剪刀来剪。但是当心！草坪修剪完后一定要把剪断的草茎耙出来，然后用扫帚清理干净！否则草坪会长短不一，十分难看！还有记得浇水，大量地浇水！"

第五天。"如果暴风雨来临，拜托你跑去看一下我的花园。有时候一场大雨会造成巨大破坏，你最好在那边时刻注意着。如果蔷薇出现了霉粉病，请你一定要趁晨露未干时给它们喷撒硫黄。把长得高的宿根花卉固定好，以防大风把它们吹断。我现在待的地方太棒了，到处长满了蘑菇，还有舒服的温泉。别忘了每天给屋子旁边的蛇葡萄浇水，它那儿的环境太干了。请帮我采好一袋冰岛虞美人。我希望你已经修剪完草坪了。除了消灭蠼螋外，你什么都不用做了。"

第六天。"我给你寄了一箱植物，都是我在这边的森林里挖的。其中有各种兰花、野百合、白头翁、鹿蹄草、响穗草和银莲花等。你一收到箱子，请立刻打开它，然后给这些植物洒点水，之后再把它们种在阴凉的地方！记得加泥炭和腐叶土！一定要立刻栽好，每天浇三次水！还有别

忘了修剪蔷薇的侧枝。"

第七天。"我用快递给你寄了一箱我在野外采集的植物……它们需要立刻种到地里……晚上你应该举着手电筒到花园里去消灭蜗牛。最好把园中小路上的杂草除掉。我希望照看我的花园不会占用你太多时间，而且希望你能享受其中的乐趣。"

在此期间，这位热心的朋友想着园丁嘱托给他的责任，浇水、修剪草坪、除草，还要抱着一大箱花苗在花园里来回寻找适合这些小祖宗栽种的地方；他累得满头大汗，浑身是泥；他惊恐地发现这儿有些植物正在枯萎，那儿有些茎秆折断了，还有草坪已经变得杂草丛生，整座花园看上去一片颓败，然后他便开始咒骂和后悔当时为什么要接下这桩苦差事，然后向上天祈祷秋天能早日到来。

与此同时，花园的主人也在时刻记挂着他的花儿和草坪，他寝食难安，抱怨他的朋友没有每天给他写信汇报花园里的情况，盘算着返程的时间，每隔一天寄回去一箱采自乡下的植物，以及一封写满紧急命令的信函。最后终于他回家了，手里的行李还没放下，就急忙冲进花园里，四处打量一番后，泪眼汪汪。

"那个懒鬼、蠢货、猪头。"园丁气愤极了，"看他把我的花园弄得简直是一团糟！"

"谢谢您！"他极为勉强地对那位朋友说道，然后像当场给他难堪一样一把将水管从朋友手中夺过来，转身去浇灌遭人忽略的花园。(那个白痴，他心里想着，以后任何事都不能信任他了！我这辈子再也不会蠢到为了度假而离开我心爱的花园了！)

至于那些野生植物，园丁狂热地把它们从土里挖出来，移栽到自己的花园里；但这些外来的野生植物很难适应花园里的环境。"该死！"园丁望着远处的马特洪峰或是格拉霍夫峰，心想，"要是我的花园里也有这样一座山就好了；还有这片树木密集的森林，还有这块林中空地，还有这条清澈的溪流，或者是这片湖泊；还有那块松软的草坪放在我的花园里应该也会很不错，又或者加一条海湾和一座哥特式修道院废墟应该会很壮观。而且我应该会在那儿种上几千岁的菩提树，那座造型独特的喷泉应该也会很适合；还有不如养一群鹿，或者一些岩羚羊；或者至少来一条杨树林荫大道；那儿来一座小山，这儿来一条小河，那儿再

来一片橡树林，或者那儿来一条飞溅的瀑布，或者至少在这儿弄一座苍翠宁静的幽谷……"

要是可以和恶魔做一场交易，那么园丁会毫不犹豫地出卖自己的灵魂来实现每一个愿望；但是可怜的恶魔则要为这个灵魂付出惨痛代价了。"你这个卑鄙的家伙。"最后恶魔会说，"谁要你在这儿当奴隶，快给我滚到天堂去——那儿才是唯一适合你的地方。"说完恶魔便愤怒地扬起它的尾巴，将花园中的小白菊和堆心菊摧残殆尽过后，才肯离开去做他的下一桩生意，只留下园丁和他那大言不惭、永不知足的欲望。

要知道我这里说的是那些真正的花园园丁，而非那些果农或菜农。就让那些果农对着他们的苹果和梨眉开眼笑吧，就让那些菜农为他们那比人还要高的甘蓝、西葫芦和芹菜欣喜若狂吧；一个真正的花园园丁从骨子里就能感觉到八月已经是一个转折点。开得正艳的花儿很快就会凋谢；虽然到了秋天，紫菀和菊花还在盛开，但随后也要说再见了！但是你们，闪亮的福禄考、金黄的千里光、一枝黄花、金光菊和向日葵，还有你们和我，我们绝不会轻易向死神低头，绝不！一年到头都是春天，所有的生命都永葆青春；花园中一直花开不断。我们只能说，现在虽然是秋天，但我们不过是在用另一种形式盛开着，我们仍在地底下生长着，我们仍在产生新芽；并且我们总有活儿要干。只有那些两只手揣在口袋里的人才会说情况越来越糟的丧气话；但是对于那些即使在十一月也能开花结果的植物来说，秋天才是它们的黄金夏日；秋天并不意味着凋零，而是生长不息。紫菀，我亲爱的伙伴啊，一年是如此的漫长，你都看不到尽头。

仙人掌种植者

　　我之所以称仙人掌种植者为宗派主义者，并不是因为他们对种植仙人掌抱有极大的热情，这只能被视为激情、癖好或狂热。宗派主义的要义不在于狂热地做某件事，而在于狂热地信仰某种事物。有些仙人掌迷相信大理石粉末的神奇功效，有些相信砖灰作用显著，还有一些坚信木炭最好；有些人赞同多浇水，而有些则反对；至于真正的仙人掌专用土究竟有哪些成分，这可是个天大的秘密，即使你打断他的腿，也没有哪个仙人掌迷会泄露半句。所有这些教派、仪式、规矩、学派以及那些隐居的仙人掌迷，都信誓旦旦地宣称只有他们的独门秘方才能实现奇迹般的结果。"看看这株仙人掌，你有在其他任何地方见过这样的仙人掌吗？所以我会告诉你，但前提是你保证不会告诉别人，秘诀是千万不要浇水，而要洒水。就是这样"——"怎么会是这样？"另一个仙人掌迷大叫道，"有谁听过可以给仙人掌洒水的？你是想让它的王冠着凉吗？亲爱的先生，如果你不想让你的仙人掌直接腐烂死掉，你必须每周只浇一次水，将花盆浸泡在水温为23.789℃的软水中。然后它就会长得像萝卜一样好。"——"我的天啊！"第三个仙人掌迷大喊道，"你们快来瞧瞧这场谋杀！如果你把花盆浸在水中，那么仙人掌会被圆球藻覆盖；土壤会变酸，而你将会为此付出代价。是的，等着瞧好了，此外你的仙人掌还会烂根。如果你不想让你的土壤变酸，你必须每隔一天浇一次蒸馏水，保证土壤含水量为0.11111克／立方厘米，而且气温要精确到比室温高0.5℃。"——之后仙人掌迷们开始一齐咆哮起来，互相拳打脚踢，甚至用牙咬、用指甲挠；但正如这个世界一样，真理并不是靠这些暴力手段就能得到的。

事实是，单凭仙人掌的神秘属性，它们就理应得到如此般的追捧。玫瑰虽美，但并不神秘；神秘的植物有百合、龙胆、金卤蕨、智慧树、参天古树、某些蘑菇、曼陀罗、兰花、冰花、有毒植物、药草、莲花、日中花和仙人掌。其中的神秘之处我说不出来，但它们肯定拥有某种神秘感，只要我们用心寻找并保持敬畏。有些仙人掌长得就像豪猪、黄瓜、西葫芦、烛台、水壶、神父的帽子和蛇；它们身披各种鳞片、突起、茸毛、爪子、树瘤、刺刀、弯刀和星点；它们有的粗、有的细，有的尖如骑兵团的长矛，有的锋利似挥舞的宝剑，有的臃肿，有的细如丝，有的皱巴巴，有的像麻子脸，有的像长了胡须，有的脾气暴躁，有的郁郁寡欢，有的像多刺的铁丝网，有的像编织篮，还有的看上去像肉瘤、动物或武器；这些最阳刚的植物是在创世纪的第三天造出来的（"好吧，我一定是疯了。"就连上帝本人都对自己的杰作吃了一惊）。你可以迷恋它们，却不可随意触碰、亲吻或拥抱它们；它们可不喜欢与人亲近，也不喜欢其他形式的亲密接触；它们像石头一样坚硬冷酷，时刻全副武装，决不屈服；走开，小白脸，否则我要开火了！一小片仙人掌看上去就像是一群战斗的小矮人。即使其中某位战士的头或胳膊被砍断了，也会立刻长出一个新的、手中挥舞利剑的勇士。正所谓人生如战场。

但是，在某些神奇的时刻，这个冥顽不灵的家伙会忽然忘乎所以，坠入梦乡；然后它会开出花来，一朵富丽动人的花，圣洁地盛开在这刀光剑影之中。它是一种恩赐、一项荣耀，并不是每个人都能得到。我必须告诉你，就连身为人母的自豪感也不及仙人掌爱好者们吹嘘炫耀他们开花的仙人掌。

园丁的九月

从园艺学的角度来看，九月是一个令人欣喜和感激的月份；不仅是因为一枝黄花、紫菀、野菊花正在开放；也不仅是因为你，硕大而惊艳的大丽花；告诉你们这些不相信的家伙，九月可是被选中的让万物再度回春的月份：是群花再盛之月，是葡萄藤生长之月。九月处处洋溢着神秘而深刻的含义；最重要的是，九月大地重开，我们又可以进行栽种了！现在那些需要赶在春天到来前完成春化作用的花草得抓紧种到地里去了；这又为园丁创造了一个机会，让他们可以跑到苗圃商的育苗场去寻宝，为来年春天的花园挑选最美的花；除此之外，这也给了我们一个理由，可以从匆匆岁月的轮回中抽身出来，向那些伟大的园艺家们致敬。

优秀的园丁或育苗人，通常都是烟酒不沾；简而言之，他们都是品德高尚之辈；他们绝不会因为犯罪、战争或政治事件而遗臭万年；他们的名字往往因为培育出某个新品种的月季、大丽花或苹果而永垂不朽；这些名声——通常是匿名的，或者隐藏在其他名字后头——对他们来说就足够了。也许是上帝故意捉弄人吧，园丁通常体型肥胖，也许这样做的目的是为了和纤细柔弱的花儿形成鲜明对比；也许上帝是按照象征慈爱的大地之母西布莉的形象塑造出了园丁。实际上，这样一个园丁用手指在花盆里戳土的情形，实在太像母亲在给婴儿喂奶了。他鄙视花园设计师，那些人居然会把园丁当成是蔬菜贩子。你们应该知道在园丁眼中，园艺可不只是一项技能，而是一门科学和艺术；为了以示报复，他们会把那些竞争者称之为奸商。人们去苗圃场买花可不像逛服装店或五金店那样告诉卖家自己想买什么，付完钱就走人。人们去苗圃场更多地是为了交流，询问这盆花叫什么名字，告诉卖家你去年买的那盆薄果荠现在长得非常好；抱怨今年的滨紫草长残了，求他给你展示他最近到手的新品种。还有些人会和他讨论到底是'鲁迪

夫·歌德'漂亮，还是'爱玛·贝度'漂亮（这些都是紫菀的品种名），争论克鲁氏龙胆究竟是适合种在泥煤里还是腐殖土里。

讨论完这些以及其他诸多话题后，你看中了一个新品种的香雪球（但是见鬼，我该把它种到哪儿去呢？），还有一株飞燕草（用来取代早已凋谢的那株），以及一盆某种不知名的植物，究竟是什么品种你和商家尚未达成一致意见；经过这样几小时的交流切磋和谈笑风生后，你准备付钱，他说他不是商人，随便给五六便士就够了，就是这样。还没完，要是遇上这样一个真正的园丁，他会死缠着你不放，就好比是开着轿车来的大财阀，非得让你给他挑选60种"最好、最上等"的花。

每位花园主人都发誓说他的园土糟糕透了，而且他从没施肥、浇水或进行冬季覆土防寒的工作；很明显，他这样说的目的是想表明他的花长得如此之好，是出于对他的纯洁感情。这其中有一些玄机，从事园艺的人确实需要幸运之神的眷顾，需要来自上天的恩泽。真正的园丁随手在地上插几片叶子，就能长出任何植物，然而我们这些凡人则需要一步步地育苗、浇水、松土和喷药；而最后，它们

会莫名其妙地枯萎死亡。我想这其中一定有什么魔法，正如打猎和治病那样。

培育出一个新品种，是每个热情饱满的园丁藏在心中的梦想！上帝啊，如果我能培育出一种长势极好的黄色勿忘我，或是一种令人难忘的蓝色罂粟花，或是一种白色龙胆……什么，蓝色的更好看？这都不重要，重要的是白色龙胆还没出现过呢。而且你必须知道，即便是对于花儿，人们也是有一些沙文主义倾向；要是一种捷克月季在花展中胜过了美国的'独立日'或法国的'赫里欧'，我们会满怀自豪、喜悦万分。

我真诚地向你建议，如果你的花园里有一块斜坡或梯田状平地，在那儿盖一座岩石园吧。首先，当这样一座岩石园里种满了虎耳草、南庭荠、香雪兰、南芥以及其他低矮可爱的高山花卉时，一定会十分漂亮；其次，建造一座岩石园本身就是一项伟大且令人着迷的工作。一个建造岩石园的人会感觉自己就像独眼巨人库克罗普斯一样，用他原始的洪荒之力，将大石头一块一块垒成山，创造出山峰、峡谷、群山和峭壁。之后，等到园丁忍着腰酸背痛完成这

项宏伟杰作时，才发现与原本设想的浪漫主义山峰相去甚远，而且它看上去不过是一堆乱石。但是不必担心，不用一年时间，这些乱石就会变成最美的花园，缀满星星点点的小花，覆满绿意盎然的草甸，你会为此欢欣雀跃。告诉你吧，赶紧盖一座岩石园。

我们再也无法否认：秋天到了。当紫菀和菊花绽放时，你就会发现这一点——这些秋天的花儿开得如此轰轰烈烈、雍容富贵；它们绝不虚张声势，所有花儿都整齐划一、数不胜数！我必须告诉你，秋天这个成熟的花开时节，比起春天那躁动不安的次第花开要更加充满活力和激情。秋天处处洋溢着成熟优雅的气息；秋天的花儿开得毫无保留；花蜜充足，引来蜜蜂飞舞。在这富饶的秋天里飘落的一片树叶，究竟意味着什么？你们难道还不知道，大自然的生机是永不枯竭的吗？

土地

我已故的母亲年轻时，总喜欢用扑克牌占卜。她总是对着一堆牌喃喃自语："我的脚下是什么？"当时我还不懂为什么她对自己脚下的事物如此感兴趣。直到多年以后我自己也开始对此感兴趣了，我终于醒悟，我的脚下是土地啊。

事实上，人们并不关心他们脚下的事物；他们总是像疯子一样横冲直撞，至多偶尔会留意天上美丽的云彩、身后迷人的地平线或是远方动人的青山；然而他们绝不会低头看一眼自己的脚下，不会给脚下的土地送上一声赞美。你得有一座花园，哪怕只有巴掌大小；你至少得有一块苗床，才会明白你脚下踩的究竟是什么。之后，你就会发现，一切绚烂浮云都比不上你脚下的土地如此多种多样、可爱动人和无与伦比。你会发现土壤原来有许多不好的类型，如酸性的、硬实的、黏性的、冰凉的、石子多的和腐烂的；你也会辨识那些好的土壤类型，有如蜜糖饼一样温热松软，又如面包一样轻柔温和，而且你会不由自主地赞叹土壤真是美极了，正如你形容美女和云彩时那样。当你用木棍插入蓬松易碎的土壤中，或是用手指捏碎土块感受它的松软温润时，你会体验到一种奇特的肌肤愉悦感。

要是你不懂得欣赏这种特殊的美感，就让命运之神赐你几担黏土作为惩罚吧，像铅一样又软又沉的黏土，不论是处理过的还是未处理过的。它们有的散发着冷气，有的锄头一碰就像口香糖般塌下去，有的太阳晒过的地方像烤焦了一样，可遮阴的地方酸性又太强；有的是烦人的、可塑性差的、黏糊糊的，还有的像是修灶炉用的。它们有时像蛇一样滑，有时像砖块一样干，有时像锡纸一样密不透风，还有时像铅块一样沉。你不得不用镐粉碎它，用斧头砍它，用锤子砸它，使劲地翻动它，可它依然无动于衷，你只有大声诅咒和痛哭流涕。这样你才能体会：要是大地不想成为孕育生命的沃土，它会以仇视和冷漠的态度来为死亡和贫瘠进行自我防备；而且你将明白：生命为了能在土壤里扎根，一点一点地长大，需要经历多么残酷的斗争，不论这生命的主体是植物还是人。

　　这样你才会知道：对于土壤，你必须更多地去给予，而非索取；你必须将它敲碎，撒上石灰，用温热的厩肥来调理它，用灰烬让它更松软，用空气和阳光让它更通透。只有这样，干硬的黏土才会瓦解崩溃，仿佛它是在安静地呼吸；锄头轻轻一碰，它就乖乖碎裂开来；捧在手里又温暖又有可塑性；它已经被驯服了。我必须告诉你，成功驯服几担黏土可是巨大的胜利。此刻它温顺地躺在那儿，可塑性强、松软且湿度正好；你会忍不住想抓起它，在手指间细细揉搓，确认这属于你的伟大胜利；你甚至都不用再考虑在土里种什么了。难道这又黑又软的土壤还不够美吗？难道它不比一整块苗床的三色堇或胡萝卜更美吗？你几乎都要嫉妒死那些能够有幸长在这高贵仁慈的珍贵土壤上的植物了。

　　自此以后，你再也不会对你脚下所踩的土地熟视无睹了。你将会努力用双手和木棍改良每一堆黏土，抚摸地里的每一寸泥土，就像有些人痴痴地眼望星空、情人或花儿

一样；你会为发现一堆黑色腐殖质而欣喜若狂，会深情地抚摸柔软的林地腐叶土，会用手平衡草坪的密度，以及掂量如羽毛般的泥煤的重量。啊，上帝！你会喊道，我想要一整座马车的泥土；老天爷，给我来一车的腐叶土；还要在车顶堆满腐殖质，这儿还要再来点牛粪，以及一点儿河沙、一些朽木上的树皮、一丁点小溪里的泥浆，还有马路上的灰尘也不赖，您可以给我这些吗？除此之外，还要一些磷酸盐和牛角刨花，这种适宜耕种的美妙土壤也正合我意。万能的上帝啊！还有的土壤如培根肉般肥沃，羽毛般轻盈，蛋糕般松软，色泽或浅或深，质地或湿或干；这些不同类型的土壤全都有着无与伦比的美丽；至于那些油腻的、土块多的、湿的、硬的、冷酷的和贫瘠的土壤，不仅丑陋腐败、无可救药，属于那些受诅咒之人；而且它们的冷漠、麻木和凶恶，无异于人类丑恶的灵魂。

园丁的十月

    谈及十月，有人说这是大自然开始沉睡的时候；而我们园丁对此有更深的体会，他会告诉你十月是和四月一样美好的月份。你应该知道，十月才是春天的第一个月份，地下的生命此时正在悄悄地发芽生根，花儿在隐秘中绽放，花苞也愈发饱满了；稍稍挖深一点儿，你就会发现粗如手指般的嫩芽、脆弱的茎秆和密集的根系——我忍不住要告诉你，春天就在这儿；去吧，园丁，种植的时候到了（但一定要小心，不要让铲子切伤正在萌芽的水仙鳞茎）。

    在一年当中，十月是种植和移栽的月份。早春时节，园丁站在苗床边，上面到处都有新芽探出头来，他在暗自思忖："这儿还有一点空缺，我必须再种点什么。"几个月后，

园丁又站在同一块苗床边，上面已经长满了花序高达两米的飞燕草、成丛的小白菊、大片的风铃草，以及鬼才知道的其他一些植物，他在暗自思忖："这儿有点太拥挤了，我必须——呃，拔一些出来，移栽到别处去。"——到了十月份，园丁又站在同一块苗床边，上面到处都是秃枝，或是枯萎的叶片和茎秆；他在暗自思忖："这儿还有一点空缺，我必须再种点什么，也许来六株福禄考，或是一株更高的紫菀。"然后他便开始行动起来。园丁的生活总是充满了变化和积极的意志。

十月里，一旦园丁在花园中发现了空地，便会带着神秘的满足感低声抱怨。"哎呀！"他自言自语道，"这儿肯定有什么植物死掉了。让我想想，我必须在那片空地上种点东西才行：一枝黄花怎么样，或是响穗草？这些我的花园里都还没有呢；这儿种上落新妇会很好看；不过对于秋天除虫菊会更合适，春天这儿开满乌头也不差；好吧，我还是在这儿种上香蜂草——品种要选'日落'或'剑桥猩红'；毋庸置疑，这儿种上萱草也会很好看。"之后，他便一边沉思一边走回家去，一路思考着刺续断是种可爱的植物，更不用说金鸡菊了，当然秋海棠也不赖；然后他急忙从苗圃

145

商那里订购了一枝黄花、响穗草、落新妇、除虫菊、乌头、香蜂草、萱草、刺续断、金鸡菊和秋海棠，此外他还在名单中加上了牛舌草和鼠尾草。然而接下来他生气了好几天，因为他订购的花苗没有按时送达。最后邮递员终于送来了整整一箱花苗，园丁立马拿起铲子跑到那片空地上去了。可他第一铲刚下去，就挖出一团根，上头还有一大丛饱满的嫩芽。"我的天啊！"园丁痛声尖叫，"原来这儿我已经种上金莲花了！"

没错，有许多狂热的园丁，他们想在自家花园里集齐68个属的双子叶植物、55个属的单子叶植物和2个属的裸子植物——隐花植物中，至少要包括所有的蕨类，因为石松和苔藓太难搞定了。此外，还有一些更荒诞的狂热爱好者，他们把生命都献给了某一种植物；更有甚者，他们想要而且必须要集齐每一个已命名的栽培品种。例如，有些球根爱好者一心痴迷于栽培郁金香、风信子、百合、雪光花、水仙，以及其他球根花卉；耳状报春花的爱好者，则发誓为报春花奉上他们的全部忠诚；银莲花爱好者也是如此，他们四处疯狂地求购各种银莲花；有些鸢尾爱好者，要是没有集齐有髯鸢尾、无髯鸢尾、盔状鸢尾、网脉鸢尾、英国鸢尾、荷兰鸢尾和西西里鸢尾（这其中还没算上各种杂交鸢尾）的话，他们肯定会悲伤而死；有些飞燕草爱好者专心培育飞燕草属植物；有些月季爱好者，他们只与德鲁斯基、赫里欧、卡洛琳·泰斯特、科德斯、佩内特以及其他众多社会名流转世成的月季厮守相伴；有些疯狂的福禄考爱好者会大肆嘲笑菊花爱好者，而到了十月菊花盛开的时节，菊花爱好者也会毫不示弱地予以反击；还有些忧郁的紫菀爱好者，他们生活的唯一乐趣只有秋天的紫菀；然而在所有植物爱好者当中，最狂热的（当然仙人掌迷除外）当属大丽花爱好者，他们会为了得到某个新品种的美洲大丽花不吝重金，即使十先令也在所不惜。在所有这些植物爱好者当中，只有球根爱好者拥有一些历史性的传统，甚至还有他们自己的守护神圣约瑟夫，他手握圣母百合的形象世人皆知，尽管现在他手中可能换成了更加纯白的布朗百合。另外，还没见过有哪个圣人手持福禄考或大丽花。因此，这些献身于所爱之花的人往往是（不信奉国教的）新教徒，有时他们甚至建起了自己的教堂。

为什么那些狂热信徒不能拥有属于自己的守护神呢？

我们不妨设想一下，比方说称之为大丽花守护神——圣乔治。乔治是一个善良而虔诚的园丁，经过长时间的祈祷后，他成功培育出了第一朵大丽花。当身为异教徒的福禄考皇帝听到这个消息后，怒不可遏，派人逮捕了善良的乔治。"你这个种马铃薯的！"福禄考皇帝怒气冲冲，"快给我跪在这些凋谢的福禄考面前！""我拒绝。"乔治坚定地说，"因为大丽花是我的大丽花，而福禄考不过是福禄考而已。""把他碎尸万段！"残暴的福禄考皇帝尖叫道。于是乔治被剁成了肉酱，他的花园也被夷为平地，上面还被撒满了绿色的硫酸盐和硫黄粉；但是乔治被剁碎的躯体上长出了后来世间所有花型的大丽花，有牡丹型、银莲花型、单瓣型、仙人掌型和星瓣型，还有绣球型、木樨草型、迷你型、蔷薇型、环领型以及各种杂交型。

这样的秋天其实也是肥沃繁殖的季节。能与之相媲美的，就只有春天了。不过我想特别之处在于，秋天的生长规模更加宏大。你见过春天的紫罗兰能长到三米高，或是郁金香能一直长啊长，长到比树还要高吗？我这么说你就明白了吧；你不妨在春天时种下紫菀，不到十月份，它就

大丽花守护神圣乔治

会长成两米高的原始森林，你甚至都不敢踏入半步，因为你一旦进去就找不着出路了；或者你也可以在四月份把向日葵的根系埋进土里，而此刻，那金色的大花盘正在你头顶上方以嘲讽的姿态向你挥手，即使你努力踮起脚尖，手还是够不着它们。花园里的植物常常不成比例地疯长。

因此，秋天里高挺的花枝总是格外引人注目；每年园丁都像抱小花猫似的捧着他的宿根花卉四处炫耀；每年他都会满意地说道："嗯，现在我已经把所有植物都安置妥当了。"第二年他又会发出同样满足的感慨。照料花园是一项永无止尽的事业。从这一点来看，花园就像是人类世界，是全人类的共同职责。

论秋天之美

　　我可以用各种喧腾的色彩来描绘秋天，那浓重的晨雾、逝去的灵魂、天空的征兆、最后一朵紫菀，还有那顽强绽放的红月季；或是那黄昏时分的灯光、墓地的蜡烛气味、干枯的树叶，以及其他令人感伤的事物。可我更愿意在此为我们捷克秋日的另一项荣誉做一番见证和赞美——那就是甜菜。

　　没有哪种农作物的产量比得上如此巨量的甜菜。一般谷物被送到仓库中，马铃薯被藏进地窖里；而甜菜则是直接堆放在地上，它们会堆积成山；在乡下的车站旁形成一座高高的甜菜山。从早到晚，火车一刻不停地运走一厢厢白色的甜菜球；男人们用铲子把甜菜堆得越来越高，整齐地垒成一座座金字塔。地里的其他农作物都是从各个方向沿着狭窄的通路运送到人们的餐桌上，唯有甜菜如流水般向四处涌动：流向最近的火车站，或是最近的糖厂。这是一场大丰收，一场规模盛大的游行，就像阅兵仪式一样。多达一个旅、一个师、一个军团规模的甜菜不断被运往各地。因此，它们按军队次序进行排列；从几何角度来看，那真是格外壮美。甜菜农们像盖纪念堂一样将甜菜高高堆起，就像一种新的建筑形式。一堆马铃薯可谈不上什么建筑构造；但是一堆甜菜不仅仅是甜菜，它们是一座高楼大厦。城里人并不太喜欢甜菜地；但在秋天里，它们拥有属于自己的尊严。甜菜金字塔着实令人惊叹，它是对丰饶大地的无声礼赞。

请允许我为最谦卑的秋天之美高歌一曲。我知道你或许并没有田地，也从没体验过将甜菜堆积成山；但你可曾为花园施过肥？当工人运来一车热乎乎的、还冒着烟的堆肥，倒在你家门口，你围着它不停打转，用眼睛和鼻子仔细鉴定，然后称赞道："上天保佑，这真是一堆好肥料。"

"不错。"过了一会儿你又说，"可惜还是稀了一点。"

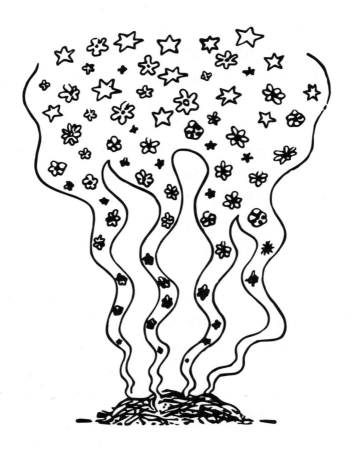

"全都是稻草。"不久后你抱怨道，"里面的粪便简直少得可怜。"

"走开，你们这些家伙只知道捂着鼻子，躲在远处观望这堆高贵而松软的肥料；你们压根不知道什么才是上好的肥料。"给园土施过肥后，园丁有一种莫名的成就感，因为他对大地之母尽了一份力。

光秃秃的树干，也并非那般荒凉；它们看上去有点像扫帚或白桦，也有点像建筑脚手架。但倘若枝头还有一片树叶在风中打颤，那它就像是战场上飘扬的最后一面旗帜，就像是战场上死去的战士手中仍然紧握不放的旗帜。虽然我们已经倒下，但我们绝不投降。我们的旗帜仍在迎风飘扬。

菊花也还没有放弃。它们是那么脆弱，就像是穿舞裙的少女身上披着的细茸毛，像是溅起的白色或粉色泡沫。是不是阳光不够温暖？是不是四周浓雾重重？还有阴冷的雨水？菊花啊，这些你都不用在意，你唯一要做的就是开花。人类喜欢抱怨环境恶劣，但菊花却凌寒绽放。

人对上帝的信仰也会随季节而改变。夏天时，一个人可能是泛神论者，认为自己是大自然的一部分；但到了秋天，他只能做一个普通人。即使我们不做十字祷告，我们也会慢慢成为上帝的子民。每家每户的炉火都是为了向家神致敬而燃烧。对家的爱是一种仪式，就如同对天上诸神的崇拜一样。

园丁的十一月

我知道这世上有很多好职业，例如为报纸撰稿，成为国会议员，参与董事会决议，或是签署官方文件，但不论有多好、有多受人景仰，从事这些职业的人都比不上手握铁锹的园丁，因为他们不会愿意割伤手指，他们身上没有园丁那种不朽的、可塑的、如雕像般的工作态度。啊，当你站在苗床上，学着一只脚踩在铁锹上，一边挥洒着汗水一边说"哦嗬"。这样的你看上去就像一尊名人雕像；只需将你从地里挖起来，把身上弄干净，然后脚下摆一个刻有"劳动胜利""大地爵士"或其他类似字眼的底座。我之所以这样说，是因为现在正是挖土的好时候。

是的，十一月需要整地松土：这是一种如享用美食般

大地爵士

既可口又讲究的体验，就像舀了满满一勺食物。好的土壤就像好的食物一样，不能太肥、太腻，也不能太冷、太湿、太干、太油、太硬、太粗或太生；它应该像面包、姜饼、蛋糕或发面团一样松软；它应该容易破碎，但又不至于碎成细末；用铲子压它会裂开，但不会发出声响；它不应该像板凳、砖块、蜂窝或馒头片；但是当你用铁锹把它翻个面，它应该透气良好，而且肥沃、疏松和适于耕作。那是一种可食用的美味土壤，高贵而有教养，深厚而湿润，渗透性好，透气且松软——总而言之，好的土壤就像是好人，更重要的是，就算伊甸园中的泥土也不会比它更好。

你该知道，你这个打理花园的家伙，即便是在秋天，你也可以进行移栽。首先在灌木或大树四周尽量挖深一点；然后将它从土里抬起来，不过这时铁锹通常会断成两截。有些人，尤其是批评家和公众演说家，他们十分热衷于谈论"根"这一话题，例如他们会宣称我们应该回归根源，或者有些罪恶需要连根铲除，或者我们应该探索事物的根本。既然如此，我倒想看看他们究竟如何将一棵三年树龄的榀椁连根拔起。我倒想见识一下阿尔内·诺瓦克先生如何钻到这么一小丛植物的根部去，比方说花竹柏。我还想看看兹德涅克·内耶德里先生如何拔起一棵老杨树。我想他们经过一番努力尝试过后，只得无可奈何地挺直身子，嘴里吐出两个字。我敢打赌那两个字肯定是"该死"。我曾经拿我种的椴椁试过，而且我十分赞同与植物的根系打交道实在是太费劲了，最好的方法是任根系自由生长，不去打搅它们，它们知道自己为何要往地底下潜得那么深。我必须告诉你，它们其实对我们毫不在意。对我们而言，最明智的做法就是对根系放任不管，专心致力于土壤改良。

是的，土壤改良。因为在严冬时节，最美的馈赠莫过于一车肥料，就像是祭坛上冒出的腾腾热气。当肥料的热气直抵天堂时，连上帝都会忍不住一边吮吸一边称赞："嗯，那真是一堆好肥料。"——当然，在此我们有机会坐下来聊一聊神秘的生命轮回：马匹吃完草后，粪便可以送给香石竹或月季，等到来年，我们会赞美上帝馈赠的这份礼物，让整个花园飘满难以形容的花香。而我们的园丁早在臭气熏天的稻草堆肥里闻到了这种芬芳；他一边赞叹不已地嗅着，一边小心翼翼地将这些天赐之礼撒满整个花园，就好像他在给孩子们的面包抹上果酱一样。给你们，我亲爱的朋友，愿你们好好享用！送给你，'赫里欧夫人'（月季品种名），我要把这一整堆都送给你，因为你的花朵是如此美丽而繁茂；而你，小白菊，给你这块蛋糕，求你安静点；还有我用这些棕色稻草给你铺一张舒服的大床行不行，你这爱吃醋的福禄考。

好家伙们，为什么你们都把头扭过去了？难道你们不愿享受这醉人的气息吗？

再过一阵子，我们将为我们的花园进行这一年的最后一次服务。等一到两次早霜过后，我们将为它铺上一层常绿松枝；我们将为月季进行修剪，要在枝干上覆一层泥土，还要用沾有树脂的云杉树枝盖住所有的苗床，之后就可以安心睡觉了。通常，人们会拿灌木丛、小刀或水管把其他植物都盖起来，等到春天来临，当我们把覆盖物掀开时，就可以和所有的植物再次相见了。

但我们或许有点操之过急了，因为有些植物的花期还没结束：叶苞紫菀还在眨巴着它淡紫色的眼眸，报春花和紫罗兰也还在盛开，即使十一月也是春意盎然；野菊花（虽然也叫印度菊，但实际上它并非产自印度，而是源于中国）不管气候环境有多恶劣，也阻挡不了它们那纤弱茂密的花朵傲然绽放，有火红的、雪白的、金黄的和紫红的；就连月季也还在进行最后一次花开。花中皇后啊，你已经连续盛放了六个月，这一定是你的高贵职责。

之后，连叶子都开花了：秋叶缤纷，有金色、紫色、火红色、橘黄色、猩红色和血红色；有红色、橙色、黑色和冻得发紫的浆果；有黄色、红色和亮金色的光秃枝干，这些都还没有结束。即使下雨了，也还有挂着红果的深绿色冬青、黑松、小柏树和紫杉屹立不倒。花园里的生机永远不会终结。

让我告诉你吧，死亡是不存在的，甚至连冬眠也没有。我们只是从一个季节过渡到另一个季节。对于生命，我们必须要有耐心，因为它是永恒的。

即便是你们这些连一小块地也没有的人，也可以在秋天向大自然敬拜——也就是说，你可以在花盆里种上风信子和郁金香种球，它们在冬天里可能会冻死，但也可能会萌发。你需要这样做：买一些你喜欢的球根，再去最近的园丁那里讨一袋上好的堆肥；然后在地窖或阁楼里找出一些旧花盆，每个盆里放一个种球。最后你会发现你还多了一些种球，但花盆却不够了。于是你又买了一些花盆，然后发现种球种完后，花盆和土又多了。之后你又买了一些种球，然后发现土又不够了，于是又买了一袋堆肥。这样下来土又剩了好多，当然，你又舍不得扔掉，于是决定再买一堆花盆和种球。如此循环往复，直到家里人出面阻止。然后，你会发现窗台、餐桌、衣柜、储物间、地窖和阁楼都满是盆栽，之后，便只好静静地、信心满满地迎接冬天的到来。

准备冬眠

　　不管怎么说，种种迹象都已经再明显不过了，大自然已沉入了冬眠。我那可爱的白桦树叶，以美丽而哀伤的姿态一片片飘零；等到落叶归根，一切生命重归大地；植物展叶开花过后，只留下光秃秃的枝干或树桩，灌木萧索，草秆枯黄，而土壤本身也散发着腐朽的悲伤气息。为什么要试图隐藏事实？这一年已经结束了。菊花啊，别再自欺欺人，生命曾经绚烂过；委陵菜啊，别把这最后一缕阳光误认成阳春三月。没用了，我的小祖宗们，游行已经结束，乖乖躺下吧，冬眠的时间到了。

　　不！不！你这是什么意思？请不要说这样感伤的话。这究竟是一场怎样的冬眠啊？每年我们都念叨着大自然已经进入了冬眠，可我们从没凑到跟前仔细瞧瞧这所谓的冬眠；或者更准确地说，我们还没从地底下观察过冬眠的情形呢。要想更好地认识事物的本质，你必须把它们颠倒过来观察；只有把大自然转个底朝天，将它的根拔起来，你才能看清它内在的模样。上帝啊，这就是冬眠吗？你们怎么能把这称作休息？人们应该说，是植物停止了向上生长，因为它们现在没空；它们正卷起裤腿向下生长，它们缩起双手将自己深埋进土里。你们看，这块平地下面是多么敞亮，这儿有一大簇新根，瞧它们扎得都多深。嘿嚯！嘿嚯！难道你们没听见地下传来的集体怒吼声吗？"报告将军，根系大军已经深入敌人（大地）内部；福禄考侦察兵也已经与风铃草先遣部队取得联系。""很好，让它们在战场上继续深入，我们的目标已经达成了。"

还有这些又白又胖又脆的部分是新长出的萌蘖和嫩芽。看，它们的数量是如此之多。你最近变得多么茂密啊，假装枯萎凋零的宿根花卉，你是那么自信，那么活力充沛！不要感伤！在这地下，才是你真正的工作。这儿，这儿，还有这儿，新的茎叶正在萌动；从这里到那里，三月的新生命正在这十一月里蓬勃生长，春天的宏伟蓝图正在这地

下筹划准备着，一刻都来不及喘气歇息。看，这就是建设高楼大厦的图纸，我们要在这里开凿地基，铺设下水管道；而且我们还要挖得更深一些，赶在冬天土壤被冻住之前。就让春天在秋之开拓者的基础上筑起绿色的穹顶吧。我们这些地下的生力军已经光荣完成了使命。

地下坚韧饱满的嫩芽、种球顶部隆起的部位，以及枯叶下生长着的神秘生命体，这些来年春天将要绽放的花芽正在进行分化。我们都说春天是万物生长的季节，可实际上真正的生长季节是秋天。倘若我们看看大自然，的确可以说秋天是一年结束的时候，但更准确而言，秋天才是一年的开始。大家普遍认为秋天树叶凋落，对此我无可否认；但我想声明的是，从更深层的意义来看，秋天实际上是树叶萌发的季节。叶落是因为冬天到了，因为新的叶芽正在形成，那些毛细管般微小的叶芽将在春天长大和迸发。大树和灌木在秋天变得光秃秃的，这只是一种视觉假象；实际上它们的枝头都缀满了来年将会展现的动人春色。花儿在秋季凋谢也只是一种假象；因为它们实际上是在孕育新生。我们都说大自然睡着了，其实她还在疯狂忙碌着。她只是关上了店铺，拉下了窗帘；但是在背后，她正在卸货

开箱，上架新产品，货架上堆得实在太满，连架子都被压弯了。她正在这里准备着春天；那些现在没有完成的，来年四月也将不会完成。未来并非在我们前方，因为现在它已发芽成形；未来，它就在我们左右；而那些现在我们没有把握住的，将来也不会落到我们手中。我们看不见发芽，因为它们是在地下生长；我们看不见未来，因为它就在我们脚下。有时我们似乎闻到腐朽的气息，被过去的黯淡经历所蒙蔽；但是只要我们能看到有多少又白又胖的新芽正从这片叫作今天的旧土中破土而出，有多少种子正在秘密地萌发，有多少陈旧的植物将生命汇聚成一枚新芽，而那枚新芽有朝一日将会绽放出最美的生命——只要能意识到未来的诸多秘密就在我们身边，我们就会明白之前所有的忧郁和怀疑都是愚蠢荒谬的，世上最美好的事情就是做一个活着的人——一个不断成长的人。

园丁的十二月

没错，你答对了，现在一切都结束了。在此之前，园丁经历了锄土、挖土、松土、翻土、施肥和撒石灰，经历了在土里掺泥煤、灰烬和烟灰，经历了剪枝、播种、种植、移栽、分株、将球根埋入地里、在冬天到来前挖出块茎，经历了洒水和浇水、修剪草坪、清除杂草、给植物披上防寒草堆，还有不小心把土耙到了脖子上——所有这些事他从二月一直做到十二月，直到这一刻，当整个花园被白雪覆盖，他才记起来忘了一件事——好好欣赏自己的花园。因为你们得知道，现在他已经没有机会多看一眼了。当时间还是夏天时，他想跑去看盛放的龙胆，却只能半路停下来，因为草坪里的杂草亟待清理。当他想去欣赏飞燕草的风姿绰约时,却发现必须得给它们插好支架。当紫菀绽放时,他跑着去拿桶给它们浇水。当福禄考正值花期时,他正忙着拔除花园里的野草;当月季花开正艳时,他在寻找着该修剪哪里的侧枝,或是该如何消灭锈斑病;当菊花正要盛开时,他跑去拿锄头给根系周围的土壤松土。你到底在想什么?总有忙不完的事,什么时候他才能把手插进口袋里,一心一意地欣赏花园里的景色呢?

如今,谢天谢地,所有事都忙完了;但可能还有些事需要做。瞧那后面的土壤硬得像铅块一样,我得赶紧把这株矢车菊移到别处去,但愿你能安然无恙,可白雪早已将大地覆盖。你还要忙什么啊,可怜的园丁,你就不能第一次好好瞧瞧自己的花园吗?

看,那边从雪里露出来的一截黑色茎秆是深红色剪秋罗;这些枯萎的茎秆是蓝花耧斗菜;那堆落叶是落新妇;看,那丛是石南紫菀;还有这儿,别以为什么都没有,其实下面长着橘黄色的金莲花;还有这一大堆雪下面是石竹,没错就是石竹;还有那些茎秆可能是红花蓍草。

哎呀,实在是太冷了!看来即使是在冬天,园丁也没有机会能欣赏自己的花园。

既然如此，那我就在屋子里生火取暖吧；让花园在厚厚的雪花羽绒被下睡大觉吧。冬天正是思考其他事情的好时候；桌子上堆满了许多还没看的书，现在就开始阅读吧；我们还有许多计划和需要操心的事情，现在开始着手吧。但是我们有没有把花园里所有的植物都用树枝盖好？有没有给观音兰穿暖和？有没有忘记给蓝雪花盖好被子？山月桂得用一圈树枝围起来，万一杜鹃花冻坏了怎么办？还有花毛茛的块根明年不开花该如何是好？要是出现这种情况我们得改种……等等……稍等一下，让我们先查一遍种苗订购指南。

所以，园丁的十二月主要是在查阅大量的园艺指南中度过的。园丁戴着眼镜缩在暖房里，脖子以下全被埋了起来，当然不是被肥料或灌木了，而是一大堆园艺指南、年鉴、图书和手册，从中他发现了：

一、最珍贵、最美丽和最不可或缺的植物在他的花园里都还没有；

二、他所拥有的都是一些"非常脆弱"和"极易受冻"的植物；还有他把"喜欢潮湿环境"和"需要远离湿气"的植物种到了一起；还有一些他特别予以照料的种在全光

照条件下的植物原来需要"完全阴凉的环境"，以及正好相反的情形；

三、有370种或更多种类的植物"值得特别关注"，并且"每个花园都不容错过"，或者至少是"全新的、惊人的新品种，卓越非凡"。

意识到这些后，园丁在十二月经常会显得十分忧郁。首先，他开始担心他的植物会因为霜冻、霉菌、湿气、干旱、烈日或光照不足等原因，在春天全都无法生长；于是他绞尽脑汁，琢磨如何填补这些可怕的漏洞。

其次，他发现即便他的植物全都能幸免于难，可他连刚在那60本园艺指南中看到的那些"最珍贵、繁茂、全新和超凡"的品种中的任何一种也没有；这绝对是令人无法容忍的缺憾，必须想尽办法弥补。然后，蛰居的园丁对自己花园里的植物完全失去了兴趣，开始全心投入到那些他没有的、当然种类也更多得多的植物；他一门心思查阅园艺指南，标记好那些他必须订购的植物，老天啊，那些都是他的花园里绝不可少的。在第一轮筛选中，他标记了490种他不惜一切代价也要订购的宿根花卉；等算过账后，他稍微冷静了一点，忍着心头滴血之痛，他删除了一些不得不放弃的种类。这令人痛苦不堪的删减过程至少要花园丁五倍的时间，直到最后剩下大概 120 种"最美丽、夺目和无可替代的"宿根花卉——伴随着预期的喜悦——他立刻下了订单。"请在三月初把它们送过来！"——上帝啊，要是现在就是三月就好了！他极不耐烦地想着。

但他早已完全丧失了理智；等到三月他就会艰难地发现，他的花园里最多只能找出两到三块空地可以种新植物，而且还是在贴着篱笆的贴梗海棠灌木丛旁边。

等完成这项最重要的任务——正如你所见——相当匆忙的冬季工作之后，园丁又开始陷入令人绝望的无聊之中，因为"春天要等到三月才来临"。他数着距离三月还有多少日子，但是因为实在是太久了，于是他减掉了 15 天，并解释为"有时二月也是大地春回的时节"。可这依然不管用，他还是得等。然后园丁便开始尝试其他打发时间的事情，比如说躺在沙发、长椅或是躺椅上，试着去模仿大自然冬眠的样子。

半小时后，他猛然从这种平躺的姿势中站起身来，脑子里冒出一个新主意。花盆！花儿不是也可以种在花盆里的吗？顷刻间，棕榈、红脉桐、龙血树、紫露草、天门冬、

所有者

宿根花卉
名录

君子兰以及秋海棠，所有这些具有热带风情的植物，一一浮现在他眼前，当然其中还有人工催花的报春花、风信子和仙客来。在客厅里我们可以打造一片热带丛林，垂吊的藤蔓卷须会沿着楼梯不断攀爬，在窗台上我们会摆上花朵怒放的植物。之后，园丁迅速扫视了一圈；他看到的不再是那个他一直居住过的房子，而是一座他在这儿将要创造的天堂般的原始森林。然后他立马飞奔到街角的花店去，抱了一大堆珍贵的植物回到家里来。

当他想尽其所能多搬一些植物回家时，忽然发现：要是他把这些植物全都放在一起时，与其说看上去是一座森林，倒不如说是一间小陶器店。

他没法在窗台上摆任何植物，因为愚蠢的女主人宣称：窗户是用来通风的。

他也没法在楼梯上摆任何植物，因为那样会弄得楼梯满是污垢、水花四溅。

他也没法将客厅改造成热带雨林，因为不论他怎样哀求或诅咒，女主人依然坚持让窗户大开，冷空气则不断涌入室内。

于是可怜的园丁只好把他的宝贝植物们搬到地窖里去，

正如他自我安慰说，至少在那儿，它们不会受冻；然而到了春天，他立刻跑到室外温暖的土地上去了，全然忘了地窖里的植物。但是这番教训绝不会影响来年十二月园丁再次尝试用新的花盆将他的房子改造成一座冬季花园的念头。在其中你会看见大自然的永恒生机。

论园丁的生活

    人们说，是时间造就了玫瑰。某种程度上的确如此——往往一个人需要等到六七月份才能见到玫瑰开花；而且按照它们的生长速度，需要足足三年时间你的玫瑰才能达到株型丰满的程度。人们更应该说是时间造就了橡树，或是造就了白桦。我曾经种过一些白桦，并断言："这儿将会长成一片白桦林，而在这个角落里将会矗立着一棵参天的橡树。"然后我又种了一棵小橡树苗。但是如今两年过去了，我依然没有看到橡树长成参天大树，也没有见到成片白桦林随风摇曳的茂密枝叶。我明白，我需要继续再等一些年，我们园丁最不缺的就是耐心。我的花园草坪上有一棵黎巴嫩雪松，长得和我一样高；据专家说，雪松可以长到140

185

米高，树冠可达 16 米。天啊，倘若我真能活那么久，活到雪松长到那么高大、那么茂盛，并有机会亲眼见证自己的劳动成果的话，那将是多么美妙的一件事啊！与此同时，我也长高了 26 厘米。很好，我会耐心地等下去。

就拿娇嫩可爱的草坪草为例，如果你细心播好种子，而且没有麻雀前来啄食的话，那么两周后它们就会发芽，等到第六周，它们就需要进行修剪了，但它仍未达到英式草坪的效果。我知道一个建植英式草坪的秘诀——和制作伍斯特果酱的秘方很像——是我从一位自称"英国乡绅"的人那儿学来的。一位美国大富翁对这位绅士说："先生，我可以付给你任何你想要的报偿，只要你告诉我如何种植出完美、翠绿、整齐、新鲜、紧密、闪亮的……总而言之，就是和你种的一样完美的英式草坪。"——"那相当容易。"英国乡绅回答道，"土壤需要好好地进行深耕，一定要施肥，而且保证土壤疏松多孔，不能太酸也不能太黏，不能太厚重也不能太瘠薄；然后将地好好整平，保证看上去像桌面一样；然后每天浇水，等到草长出来以后，你必须每周进行修剪；清扫剪断的草茎，然后将草坪滚平；你必须每天浇水、洒水和喷水；如果你这样坚持 300 年，就能够获得和我的一样好的草坪了。"

此外，我们每个园丁都很乐意而且确实需要接受各种实际经历的考验，观察比较不同月季的幼芽、花瓣、枝干、叶片、花冠以及其他特征；区分各种不同的郁金香、百合、鸢尾、飞燕草、香石竹、风铃草、落新妇、紫罗兰、福禄考、菊花、大丽花、唐菖蒲、芍药、紫菀、报春花、银莲花、耧斗菜、虎耳草、龙胆、向日葵、萱草、罂粟、一枝黄花、毛茛和婆婆纳；其中每种都至少要有 12 个最好的、最不可或缺的亚种、变种和杂交种；此外，还得在这些植物名单中加上几百个只有 3~12 种植物变型的属和种。更重要的是，我们必须特别关注高山花卉、水生植物、球根花卉，还有石南属植物、蕨类植物、喜阴植物，以及木本和常绿植物；如果我想得到以上全部这些植物的话，粗略算一下，至少也要 1100 年。我们的园丁需要花 1100 年才能彻底检验、了解和鉴赏他所拥有的全部植物。这时间我不能算得更短了，顶多可以给你打个九五折，也许你不需要把这些全都种上，尽管它们每种都不容错过；但如果你想如期达成目标，就必须抓紧时间，一天都不能浪费。你必须完成自己踏出的第一步，这是你对花园的责任。我可不会告诉你什么秘诀，一切都得靠你自己探索和坚持不懈。

　　我们园丁都是为未来而活的；如果月季开花了，我们会盼望着来年它们会开得更好；再过几十年，这株小云杉将会长成参天大树——假如我还能活那么久的话！还有我真想看看 50 年后这片白桦林会长成什么样。

　　最美好的事物就在我们前方。花园每过一年都会变得更加茁壮和美丽。感谢上天，我们又度过了充实的一年！